ÜBER DEN
BAU DER ATOME

VON

NIELS BOHR

DRITTE UNVERÄNDERTE AUFLAGE

MIT 9 ABBILDUNGEN

SPRINGER-VERLAG BERLIN HEIDELBERG GMBH
1925

VORTRAG BEI DER
ENTGEGENNAHME DES NOBELPREISES IN STOCKHOLM
AM 11. DEZEMBER 1922.
INS DEUTSCHE ÜBERSETZT VON W. PAULI JR.

ISBN 978-3-642-47130-8   ISBN 978-3-642-47402-6 (eBook)
DOI 10.1007/978-3-642-47402-6

Inhaltsverzeichnis.

Das allgemeine Bild des Atoms 5

Stabilität des Atoms und elektrodynamische Theorie . 10

Entstehung der Quantentheorie 13

Quantentheorie des Atombaues 16

Das Wasserstoffspektrum 19

Verwandtschaftsbeziehungen zwischen den Elementen . 23

Absorption und Anregung von Spektrallinien 30

Die Quantentheorie mehrfach periodischer Systeme . . 32

Das Korrespondenzprinzip 36

Das natürliche System der Elemente 41

Röntgenspektrum und Atombau 53

Das allgemeine Bild des Atoms.

Der gegenwärtige Stand der Atomtheorie ist dadurch charakterisiert, daß wir nicht nur die Existenz der Atome als unzweifelhaft erwiesen betrachten können, sondern sogar annehmen dürfen, daß wir eine eingehende Kenntnis der Bausteine der einzelnen Atome besitzen. Es wird bei dieser Gelegenheit nicht möglich sein, Ihnen einen Überblick über die Entwicklung der Wissenschaft zu geben, die zu diesem Resultat geführt hat. Ich will bloß an die Entdeckung der Elektronen am Ende des vorigen Jahrhunderts erinnern, welche die direkte Bestätigung und schließliche Abklärung der Vorstellungen von der atomistischen Natur der Elektrizität brachte, die sich seit Faradays Entdeckung der elektrolytischen Grundgesetze und der elektrochemischen Theorie von Berzelius langsam entwickelt hatten, und die ihren schönsten Triumph fanden in der elektrolytischen Dissoziationstheorie von Arrhenius. Die Entdeckung der Elektronen und die Klarlegung ihrer Eigenschaften war das Resultat der Arbeiten einer großen Zahl von Forschern, unter denen besonders Lenard und J. J. Thomson genannt werden können. Namentlich der letztgenannte Forscher hat durch seinen gedankenreichen Versuch, Vorstellungen über den Bau der Atome auf Grund der Elektronentheorie zu entwickeln, einen bedeutungsvollen Beitrag zur Entwicklung der Atomtheorie geliefert. Der vorläufige Schlußstein der Entwicklung unserer Kenntnis der Bausteine der Atome wurde jedoch durch die Entdeckung der Atomkerne erreicht, die man Rutherford verdankt, dessen Arbeiten über die um die Jahrhundertwende entdeckten radioaktiven Stoffe in so vielen Hinsichten die physikalische und chemische Wissenschaft bereichert haben.

Nach unseren jetzigen Vorstellungen ist ein Atom eines Elementes aufgebaut aus einem Kern, der eine positive elektrische Ladung hat und der der Sitz von weitaus dem größten Teil der Masse des Atoms ist, sowie aus einer Anzahl von Elektronen, die alle dieselbe negative Ladung und dieselbe Masse haben, und die sich in Abständen vom Kern bewegen, die außerordentlich groß sind im Vergleich mit den eigenen Dimensionen des Kerns und der Elektronen. Dieses Bild weist beim ersten Anblick eine außerordentliche Ähnlichkeit auf mit einem Planetensystem, so wie wir es von unserem Sonnensystem kennen. Ebenso wie die einfachen Gesetze für den Bau der Himmelskörper nahe mit dem Umstand zusammenhängen, daß die Dimensionen der einzelnen Körper klein sind im Verhältnis zu ihren Bahnen, führt der entsprechende Sachverhalt beim Atombau ein unmittelbares Verständnis eines wesentlichen Zuges der Naturerscheinungen mit sich, soweit diese von den Eigenschaften der Elemente abhängen. Dieser läßt uns nämlich verstehen, daß diese Eigenschaften in zwei scharf getrennte Klassen geschieden werden können. Zur ersten Klasse gehören die meisten von den gewöhnlichen physikalischen und chemischen Eigenschaften der Elemente, wie Zustandsform, Farbe und chemische Reaktionsfähigkeit. Diese Eigenschaften hängen ab von der Bewegung des Elektronensystems und der Weise, in der diese Bewegung durch verschiedene äußere Einwirkungen geändert wird. Infolge der großen Masse des Kerns im Verhältnis zu der der Elektronen und seiner geringen Größe im Verhältnis zu der der Elektronenbahnen wird die Bewegung des Elektronensystems nur in geringem Grad von der Masse des Kerns abhängen und mit außerordentlich großer Annäherung durch die gesamte elektrische Leitung des Kerns bestimmt sein.

Namentlich wird der innere Bau des Kerns und die Art, wie die Elektrizität und die Masse auf die einzelnen Partikeln des Kerns verteilt ist, auf die Beschaffenheit des den Kern umgebenden Elektronensystems einen verschwindend geringen Einfluß haben. Der Bau des Kerns ist andererseits entscheidend für die zweite Klasse der Eigenschaften der Elemente, die in der Radioaktivität der Elemente zutage tritt. In den radioaktiven Prozessen beobachten wir ja eine Explosion der Kerne, wobei positive und negative Teilchen, sogenannte α- und β-Teilchen, mit außerordentlich großen Geschwindigkeiten von diesen ausgeschleudert werden. Unsere Vorstellungen vom Atombau geben uns deshalb eine unmittelbare Erklärung für den vollständigen Mangel eines Zusammenhanges zwischen den zwei Klassen von Eigenschaften der Elemente, der (wie bekannt) am deutlichsten in der Existenz von Elementen zum Ausdruck kommt, die mit außerordentlich großer Näherung dieselben gewöhnlichen physikalischen und chemischen Eigenschaften besitzen, obwohl die Atomgewichte nicht dieselben und die radioaktiven Eigenschaften vollständig verschieden sind. Solche Elemente, deren Existenz zuerst in den Untersuchungen Soddys und anderer Forscher über die chemischen Eigenschaften der radioaktiven Elemente zutage getreten ist, werden gemäß der Klassifikation der Elemente nach den gewöhnlichen physikalischen und chemischen Eigenschaften als Isotope bezeichnet. Ich brauche hier nicht näher zu besprechen, wie es sich in den späteren Jahren gezeigt hat, daß die Isotopie nicht nur bei radioaktiven Stoffen auftritt, sondern auch bei Elementen von der gewöhnlichen beständigen Natur, indem eine große Anzahl von diesen, die bisher als unzusammengesetzt angesehen wurden, nach Astons wohlbekannten Untersuchungen sich als aus einem Gemisch von Isotopen mit verschiedenen Atomgewichten bestehend erwiesen haben. Die Frage nach dem inneren

Bau der Kerne, der nicht am wenigsten diese Untersuchungen großes Interesse gegeben haben, ist bis jetzt nur wenig geklärt, obzwar ein Weg zu ihrer Erforschung eröffnet ist durch Rutherfords Untersuchungen über Spaltung von Atomkernen durch Bombardement mit α-Strahlen, von denen gesagt werden kann, daß sie eine neue Epoche in der Naturwissenschaft eingeleitet haben, da es hier zum erstenmal geglückt ist, künstlich ein Element in ein anderes zu verwandeln. Im folgenden wollen wir uns jedoch darauf beschränken, die gewöhnlichen physikalischen und chemischen Eigenschaften der Elemente zu betrachten und die Versuche, die gemacht wurden, um diese auf Grund der genannten Vorstellungen vom Atombau zu erklären.

Wie wohl bekannt, lassen sich die Elemente, was ihre physikalischen und chemischen Eigenschaften betrifft, in einem sogenannten natürlichen System anordnen, das eine eigentümliche Verwandtschaft zwischen den verschiedenen Elementen zutage treten läßt. Wie zuerst von Mendelejeff und Lothar Meyer gezeigt wurde, weisen die chemischen und physikalischen Eigenschaften der Elemente eine ausgesprochene Periodizität auf, wenn die Elemente in einer Reihenfolge angeordnet werden, die in der Hauptsache mit der Reihenfolge der wachsenden Atomgewichte zusammenfällt. Eine Übersicht über das natürliche oder periodische System der Elemente ist in Abb. 1 gegeben, wo jedoch die Elemente nicht in der Weise angeordnet sind, die bei der gewöhnlichen Darstellung des Systems benutzt wird, sondern mit einer Modifikation einer Darstellungsweise, die zuerst vom dänischen Chemiker Julius Thomsen angegeben ist, der auch auf diesem Gebiet bedeutende Beiträge geliefert hat. In der Abbildung sind die Elemente mit ihrem gewöhnlichen chemischen Zeichen bezeichnet, und die verschiedenen vertikalen Kolonnen geben die sogenannten Perioden an.

Elemente in aufeinanderfolgenden Kolonnen, die homologe chemische und physikalische Eigenschaften besitzen, sind durch Striche verbunden. Die vierkantigen Parenthesen um gewisse Reihen von Elementen in den späteren Perioden, deren Eigenschaften typische Abweichungen von der erwähnten einfachen Periodizität bei den Elementen in den

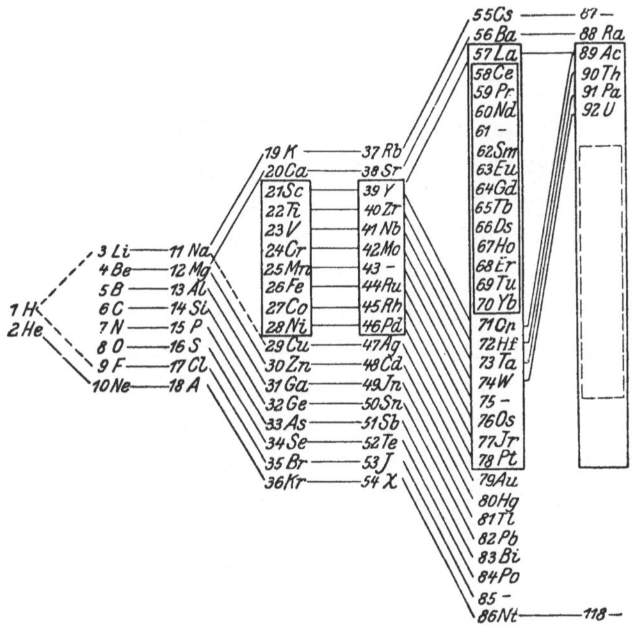

Abb. 1. Das natürliche System der Elemente.

ersten Perioden aufweisen, haben eine Bedeutung, auf die wir im folgenden zurückkommen werden.

Bei der Entwicklung unserer Vorstellungen vom Atombau haben die charakteristischen Züge des natürlichen Systems eine überraschend einfache Beleuchtung bekommen. So sind wir dazu geführt worden, anzunehmen, daß die Zahl, die in der Abbildung den verschiedenen Elementen beigefügt ist und die die Stelle des betreffenden Elementes im System angibt, die sogenannte Atomnummer, gerade gleich ist der Anzahl von Elektronen, die sich im neutralen Atom um den Kern bewegen. Dieses einfache Gesetz ist, wenn auch in unvollkommener Form, zuerst von van den Broek aufgestellt worden, nachdem es durch Bestimmungen der Anzahl der Elektronen im Atom gemäß von J. J. Thomson entwickelter Methoden sowie durch Rutherfords Untersuchungen, die eine direkte Messung der Ladung des Atomkernes gestatteten, nahegelegt war. Wie wir sehen werden, hat das in Rede stehende Gesetz auf viele verschiedene Weisen überzeugende Stützen erhalten, besonders durch Moseleys berühmte Untersuchungen über die Röntgenspektren der Elemente. Ich kann hier vielleicht auch daran erinnern, wie der einfache Zusammenhang zwischen Atomnummer und Kernladung zum unmittelbaren Verständnis des Gesetzes führt, welches die Untersuchungen der Änderungen in den chemischen Eigenschaften der radioaktiven Elemente, die auf die Aussendung von α- oder β-Strahlen folgen, zutage gebracht haben, und das in dem sogenannten radioaktiven Verschiebungsgesetz einen so einfachen Ausdruck fand.

Stabilität des Atoms und elektrodynamische Theorie.

Sobald wir versuchen, eine nähere Verbindung zwischen den Eigenschaften der Elemente und dem Bau der Atome zu erreichen, stoßen wir jedoch auf tiefliegende Schwierigkeiten, indem sich zeigt, daß trotz der früher erwähnten Analogie eine Wesensverschiedenheit zwischen einem Atom und einem Planetensystem besteht. Die Bewegungen der Körper in einem Planetensystem werden, obwohl sie das allgemeine Schweregesetz befolgen, durch dieses Gesetz allein nicht vollkommen bestimmt sein, sondern werden wesentlich von der Vorgeschichte des Systems abhängen. So ist die Länge des Jahres nicht allein durch die Massen der Sonne und der Erde bestimmt, sondern zugleich durch die Verhältnisse, die bei der Bildung des Sonnensystems geherrscht haben und von denen wir nicht im einzelnen Kenntnis haben. Sobald sich eines Tages durch unser Sonnensystem ein fremder Himmelskörper bewegen würde, der der Erde nahekommt, müßten wir ferner darauf vorbereitet sein, daß die Länge des Jahres von diesem Tag an von der gegenwärtigen wesentlich verschieden sein könnte. Ganz anders verhält es sich mit den Atomen. Die bestimmten unveränderlichen Eigenschaften der Elemente fordern nämlich, daß der Zustand eines Atoms durch äußere Einwirkungen nicht bleibende Veränderungen erleiden kann. Sobald das Atom wieder sich selbst überlassen wird, müssen sich die Atomteilchen in einer Weise ordnen und bewegen, die vollkommen bestimmt ist durch die elektrischen Ladungen und Massen der Teilchen. Das schlagendste Zeugnis hiervon haben wir wohl in den Spektren, d. h. in der Beschaffenheit der Strahlung, die unter Umständen von den Stoffen ausgesandt werden kann, und die mit Hilfe von geeigneten Apparaten mit so außerordentlicher Genauigkeit untersucht werden kann. Wie wohl bekannt sind die Wellenlängen für die Linien in den Spektren der Stoffe, die in vielen Fällen sogar mit größerer Genauigkeit als eins zu einer Million gemessen werden können, unter denselben äußeren Umständen innerhalb der Meßgenauigkeit stets dieselben, ganz unabhängig von der Behandlung, der die Stoffe vorher unterworfen waren. Auf diesem Sachverhalt beruht ja gerade die Spektralanalyse, die den Chemikern ein so unschätzbares Hilfsmittel beim Nachspüren von Elementen gewesen ist, und die uns die Erkenntnis gebracht hat, daß sich selbst auf den fernsten Himmelskörpern Elemente mit genau denselben Eigenschaften befinden wie hier auf der Erde.

Auf Grund unseres Bildes vom Atombau ist es also nicht möglich, solange wir uns allein auf die gewöhnlichen mechanischen Gesetze stützen, von der charakteristischen Stabilität der Atome Rechenschaft zu geben, die eine Erklärung der Eigenschaften der Elemente fordern. Die Sache steht in keiner Weise günstiger, wenn wir in die Betrachtungen die wohlbekannten elektrodynamischen Gesetze einbeziehen, die auf Grund der großen Entdeckungen von Örsted und Faraday in der ersten Hälfte des vorigen Jahrhunderts von Maxwell aufgestellt wurden. Maxwells Theorie erwies sich nicht nur imstande, von den schon bekannten elektrischen und magnetischen Erscheinungen Rechenschaft zu geben, sondern feierte bekanntlich ihren großen Triumph durch die Voraussage der von Hertz entdeckten elektromagnetischen Wellen, die jetzt in so großem Umfang in der drahtlosen Telegraphie verwendet werden. Eine Zeitlang schien es auch, als ob die Theorie in ihrer namentlich von Lorentz und Larmor ausgearbeiteten Anpassung an die atomistische Auffassung der Elektrizität berufen war, für eine Erklärung der Eigenschaften der Elemente in den Einzelheiten eine Grundlage zu geben. Ich brauche nur an das große Aufsehen zu erinnern, das entstand, als Lorentz bald nach Zeemans Entdeckung der eigentümlichen Veränderung, die Spektrallinien erleiden, wenn der leuchtende Stoff in ein magnetisches Feld gebracht wird, eine ungezwungene und einfache Erklärung der Hauptzüge dieses Phänomens geben konnte. Lorentz nahm an, daß die Strahlung, die wir in einer Spektrallinie beobachten, von einem Elektron ausgesandt wird, das eine harmonische Schwingung um eine Gleichgewichtslage vollführt, und zwar in ganz derselben Weise wie elektromagnetische Wellen in der drahtlosen Telegraphie infolge der elektrischen Schwingungen in der Antenne ausgesandt werden, und er zeigte, wie die von Zeeman beobachtete Änderung der Spektrallinien genau den Änderungen in der Bewegung des schwingenden Elektrons entspricht, von denen erwartet werden mußte, daß sie vom Magnetfeld hervorgebracht werden. Es erwies sich jedoch nicht als möglich, auf dieser Grundlage eine nähere Erklärung der Spektren der Elemente oder bloß des allgemeinen Typus der Gesetze durchzuführen, die mit großer Genauigkeit für die Wellenlängen der Linien dieser Spektren gelten, und die durch die bekannten Arbeiten von Balmer, Rydberg und Ritz klargelegt wurden. Nachdem wir Aufklärungen über den Atombau erhalten haben, treten diese Schwierigkeiten noch klarer zutage, da wir, solange wir uns an die klassische elektrodynamische Theorie halten, nicht einmal verstehen, daß wir überhaupt aus scharfen Linien bestehende Spektren erhalten. Ja, diese Theorie ist überhaupt unvereinbar mit der Annahme der Existenz von Atomen mit dem beschriebenen Bau, indem die Bewegung der Elektronen eine ständige Energieausstrahlung des Atoms fordern würde, die nicht aufhören würde, bevor die Elektronen in den Kern gefallen wären.

Entstehung der Quantentheorie.

Einen Ausweg, um die verschiedenen genannten Schwierigkeiten zu überwinden, hat man indessen durch die Einführung von Betrachtungen gefunden, die der sogenannten Quantentheorie entnommen sind, und die einen vollständigen Bruch mit den Vorstellungen bedeuten, die bisher bei einem Versuch zur Erklärung der Naturerscheinungen benutzt worden sind. Der erste Keim zu dieser Theorie wurde bekanntlich von Planck im Jahre 1900 gelegt durch seine Untersuchungen über das Gesetz der Wärmestrahlung, das infolge seiner Unabhängigkeit von speziellen Eigenschaften der Stoffe als Prüfstein für die Anwendbarkeit der Gesetze der klassischen Physik auf Atomprozesse besonders geeignet war. Planck betrachtete das Strahlungsgleichgewicht zwischen einer

Anzahl von Systemen derselben Beschaffenheit wie die, auf die Lorentz seine Theorie des Zeeman-Effektes basiert hatte, und konnte nicht nur zeigen, daß die klassische Elektrodynamik von den Wärmestrahlungsphänomenen nicht Rechenschaft zu geben vermochte, sondern auch, daß sich eine vollkommene Übereinstimmung mit dem Wärmestrahlungsnetz erreichen ließ, wenn man — im bestimmtesten Widerspruch zur klassischen Theorie — annahm, daß die Energie des schwingenden Elektrons sich nicht kontinuierlich verändern kann, sondern nur in einer solchen Weise, daß die Energie des Systems stets einer ganzen Zahl von sogenannten „Energiequanten" gleich ist. Die Größe eines solchen Quantums ergab sich als proportional der Schwingungszahl des Partikels, von der in Anknüpfung an die klassische Theorie angenommen wurde, daß sie die gleiche ist wie die Schwingungszahl der emittierten Strahlung. Der Proportionalitätsfaktor, die sogenannte Plancksche Konstante, mußte gemäß dem Charakter der Betrachtungen als eine neue universelle Naturkonstante analog der Lichtgeschwindigkeit und der Ladung und Masse des Elektrons angesehen werden.

Plancks überraschendes Resultat stand anfangs vollständig isoliert in der Naturwissenschaft, fand aber wenige Jahre später durch Einsteins bedeutungsvolles Eingreifen in dieses Gebiet eine vielseitige Anwendung. Erstens machte Einstein darauf aufmerksam, daß die Forderung der Begrenzung der Werte der Schwingungsenergie der Partikeln durch Untersuchungen über den Wärmeinhalt von kristallinischen Körpern geprüft werden kann, da man es in diesen gerade mit ähnlichen Schwingungen zu tun hat, zwar nicht mit Schwingungen eines einzelnen Elektrons, aber mit solchen des ganzen Atoms um Gleichgewichtslagen im Kristallgitter. Die Übereinstimmung mit Plancks Theorie, die Einstein hier bald nachweisen konnte, ist bekanntlich durch spätere

Arbeiten verschiedener Autoren in sehr bedeutungsvoller Weise ausgebaut worden. Sodann hob Einstein eine andere Konsequenz von Plancks Resultat hervor, nämlich, daß Strahlungsenergie von den schwingenden Partikeln nur in sogenannten „Strahlungsquanten" emittiert oder absorbiert werden kann, deren Größe gleich ist dem Produkt von Plancks Konstante und der Schwingungszahl. In seinen Bestrebungen, diesem Resultat eine anschauliche Bedeutung zu geben, wurde Einstein zur Aufstellung der sogenannten „Lichtquantenhypothese" geführt, nach der die Strahlungsenergie im Gegensatz zu Maxwells elektromagnetischer Lichttheorie sich nicht in elektromagnetischen Wellen fortpflanzen sollte, sondern in Lichtatomen geringer Größe, von denen jedes gerade eine Energiemenge enthält, die einem Strahlungsquantum entspricht. Diese Vorstellung führte Einstein zur wohlbekannten Theorie für den lichtelektrischen Effekt, die ganz neues Licht auf dieses nach der klassischen Theorie vollständig unverständliche Phänomen warf, und deren Voraussagen in den letzten Jahren eine so genaue experimentelle Bestätigung erhalten haben, daß wir in Messungen des lichtelektrischen Effektes vielleicht das genaueste Mittel zur Bestimmung von Plancks Konstante besitzen. Trotz ihres Wertes als heuristisches Hilfsmittel ist aber die Lichtquantenhypothese, die den Interferenzerscheinungen vollständig fremd gegenübersteht, nicht geeignet, eine Aufklärung der Frage nach der Natur der Strahlung zu bringen. Wir brauchen ja bloß daran zu erinnern, daß die Interferenzerscheinungen unser einziges Mittel bilden, um die Beschaffenheit der Strahlung zu untersuchen und um der Schwingungszahl, die für die Größe der Lichtquanten bestimmend ist, eine nähere Bedeutung beizulegen.

In den folgenden Jahren wurden nun von verschiedenen Seiten Bestrebungen unternommen, die quantentheoretischen

Gesichtspunkte auf die Frage nach dem Atombau anzuwenden, indem das Hauptgewicht bald auf die eine, bald auf die andere der von Einstein aus Plancks Resultat gezogenen Konsequenzen gelegt wurde. Als die bekanntesten Versuche in dieser Richtung, durch die jedoch keine abgeklärten Resultate erreicht wurden, kann ich die Arbeiten von Stark, Sommerfeld, Hasenöhrl, Haas und Nicholson nennen. Aus dieser Zeit stammt auch eine Arbeit des dänischen Chemikers Bjerrum, die, obwohl sie nicht direkt den Atombau ins Auge faßt, von Bedeutung für die Entwicklung der Quantentheorie gewesen ist. Bjerrum machte 1912 darauf aufmerksam, daß sich die Rotation der Moleküle in einem Gas durch die Änderungen gewisser Absorptionslinien mit der Temperatur untersuchen lassen müßte. Gleichzeitig hob er hervor, daß die Wirkung nicht in einer kontinuierlichen Verbreiterung der Linien bestehen sollte, so wie man es nach der klassischen Theorie erwarten mußte, die der Rotationsbewegung der Moleküle keine Einschränkung auferlegt, sondern er sagte im Zusammenhang mit der Quantentheorie voraus, daß die Linien in eine Anzahl von Komponenten aufgespalten werden müßten, entsprechend einer Folge von diskreten Rotationsmöglichkeiten der Moleküle. Diese Voraussage wurde einige Jahre später auf die schönste Weise durch den Versuch der schwedischen Physikerin Eva von Bahr bestätigt, und das Phänomen muß noch immer als eines der deutlichsten Zeugnisse für die Realität der Quantentheorie betrachtet werden, wenn auch von unserem jetzigen Standpunkt seine ursprüngliche Deutung eine Modifikation hinsichtlich wesentlicher Einzelheiten erfahren hat.

Quantentheorie des Atombaues.

Die Frage nach der näheren Ausbildung der Quantentheorie war indessen in ein neues Licht gestellt durch Rutherfords Entdeckung der Atomkerne (1911). Wie wir schon gesehen haben, machte es diese Entdeckung nämlich klar, daß die klassischen Vorstellungen keine Grundlage boten für ein Verständnis der allerwesentlichsten Eigenschaften der Atome. Man wurde deshalb dazu geführt, eine Formulierung der Prinzipien der Quantentheorie zu suchen, die geeignet war, den Forderungen nach der Stabilität des Atombaues und nach der Beschaffenheit der von den Atomen emittierten Strahlung, welche die beobachteten Eigenschaften verlangen, unmittelbar entgegenzukommen. Eine solche Formulierung wurde 1913 vom Vortragenden vorgeschlagen durch die Aufstellung von zwei Postulaten, deren Inhalt folgendermaßen wiedergegeben werden kann:

I. Unter den denkbaren Bewegungszuständen in einem Atomsystem befinden sich eine Anzahl sogenannter stationärer Zustände, von denen zwar angenommen wird, daß die Bewegung der Partikeln in diesen Zuständen in bedeutendem Umfang die klassischen mechanischen Gesetze befolgt, die sich aber durch eine eigentümliche, mechanisch unerklärbare Stabilität auszeichnen, die mit sich bringt, daß jede bleibende Veränderung in der Bewegung des Systems in einem vollständigen Übergang von einem stationären Zustand zu einem anderen bestehen muß.

II. Während im Widerspruch zur klassischen elektromagnetischen Theorie keine Ausstrahlung in den stationären Zuständen selbst stattfindet, kann ein Übergangsprozeß zwischen zwei stationären Zuständen von einer Aussendung elektromagnetischer Strahlung begleitet sein, welche dieselbe Beschaffenheit hat wie diejenige, die nach der klassischen Theorie von einem elektrischen Teilchen emittiert würde, das eine harmonische Schwingung mit konstanter Schwingungszahl vollführt. Diese Schwingungszahl ν steht jedoch in keinem einfachen Zusammenhang mit der Bewegung der

Teilchen des Atoms, sondern ist gegeben durch die Bedingung:
$$h\nu = E' - E'',$$

worin h Plancks Konstante und E' und E'' die Werte für die Atomenergie in den zwei stationären Zuständen bedeuten, die den Anfangs- und Endzustand des Strahlungsprozesses bilden. Umgekehrt kann eine Bestrahlung des Atoms mit elektromagnetischen Wellen dieser Schwingungszahl zu einem Absorptionsprozeß Anlaß geben, durch den das Atom vom letzteren Zustand zum ersteren zurückgeführt wird.

Während das erste Postulat die allgemeine Stabilität der Atome ins Auge faßt, wie sie sich in den chemischen und physikalischen Eigenschaften der Elemente äußert, faßt das zweite Postulat in erster Linie die Existenz von aus scharfen Linien bestehenden Spektren ins Auge. Zugleich bot die in das letztere Postulat eingehende quantentheoretische Beschreibung einen Ausgangspunkt dar für eine Deutung ·der im vorausgehenden erwähnten empirischen Gesetze für die Spektren der Elemente. Das allgemeinste dieser Gesetze, das von Ritz aufgestellte Kombinationsprinzip, sagt aus, daß die Schwingungszahl ν für jede der Linien im Spektrum eines Elementes durch die Formel
$$\nu = T'' - T'$$

dargestellt werden kann, wo T'' und T' zwei sogenannte „Spektralterme" sind, die einer Mannigfaltigkeit von solchen für das betreffende Element charakteristischen Termen angehören.

Gemäß unseren Postulaten wird dieses Gesetz unmittelbar durch die Annahme interpretiert, daß das Spektrum beim Übergang zwischen einer Anzahl stationärer Zustände ausgesandt wird, in denen die numerischen Werte der Energie des Atoms gleich sind den Werten für die Spektralterme multipliziert mit Plancks Konstante. Diese Deutung des

Kombinationsprinzips weicht von unseren gewöhnlichen elektrodynamischen Vorstellungen nicht allein dadurch ab, daß wir annehmen, daß kein einfacher Zusammenhang zwischen der Bewegung des Atoms und der emittierten Strahlung besteht, sondern die Abweichung der Betrachtungen von der Grundlage, auf der die gewöhnliche Naturbeschreibung beruht, tritt vielleicht am klarsten zutage, wenn wir daran denken, daß das Auftreten von Spektrallinien, die Kombinationen eines gewissen Spektraltermes mit verschiedenen anderen entsprechen, dahin gedeutet wird, daß die Beschaffenheit der vom Atom emittierten Strahlung nicht allein vom Zustand des Atoms beim Beginn des Strahlungsprozesses abhängig ist, sondern auch vom Zustand, in den das Atom beim Prozeß übergeführt wird. Im ersten Augenblick könnte man vielleicht erwarten, daß die besprochene formale Deutung des Kombinationsprinzips deshalb kaum in Verbindung mit den Aufklärungen über die Bausteine des Atoms gebracht werden könnte, die ja gegründet sind auf mit Hilfe der klassischen mechanischen und elektrodynamischen Gesetze gedeuteten Erfahrungen. Eine nähere Untersuchung hat jedoch gezeigt, daß sich eine enge Verbindung zwischen den verschiedenen Spektren der Elemente und dem Bau der Atome auf Grund der Postulate herstellen ließ.

Das Wasserstoffspektrum.

Von allen Spektren, die wir kennen, zeigt das Wasserstoffspektrum das einfachste Verhalten; die Schwingungszahlen für die Linien dieses Spektrums lassen sich bekanntlich mit großer Genauigkeit durch Balmers Formel

$$\nu = K\left(\frac{1}{n''^{2}} - \frac{1}{n'^{2}}\right)$$

darstellen, worin K eine Konstante und n' und n'' zwei ganze Zahlen sind. Im Spektrum begegnen wir also einer einfachen

Reihe von Spektraltermen der Form $\dfrac{K}{n^2}$, die mit steigender Gliednummer n regelmäßig abnehmen. In Übereinstimmung mit den Postulaten müssen wir uns deshalb denken, daß jede der Linien des Wasserstoffspektrums ausgesandt wird durch einen Übergangsprozeß zwischen zwei einer Reihe angehörenden stationären Zuständen des Wasserstoffatoms, in denen der numerische Wert für die Energie des Atoms gleich ist $\dfrac{hK}{n^2}$. Gemäß unserem Bild vom Atombau besteht nun ein Wasserstoffatom aus einem positiven Kern und einem Elektron, das — sobald die gewöhnlichen mechanischen Vorstellungen angewandt werden können — mit großer Annäherung eine periodische elliptische Bahn mit dem Kern in einem Brennpunkt beschreibt. Wie eine einfache Rechnung zeigt, ist die große Achse der Bahn umgekehrt proportional der Arbeit, die zugeführt werden muß, um das Elektron vollständig vom Kern zu entfernen, und in Verbindung mit dem Obenstehenden müssen wir nun annehmen, daß diese Arbeit in den stationären Zuständen gerade gleich $\dfrac{hK}{n^2}$ ist. Wir kommen so zu einer Mannigfaltigkeit von stationären Zuständen, für welche die Achse der Elektronenbahn eine Reihe von diskreten Werten annimmt, die dem Quadrat einer ganzen Zahl proportional sind. Die nebenstehende Abb. 2 illustriert

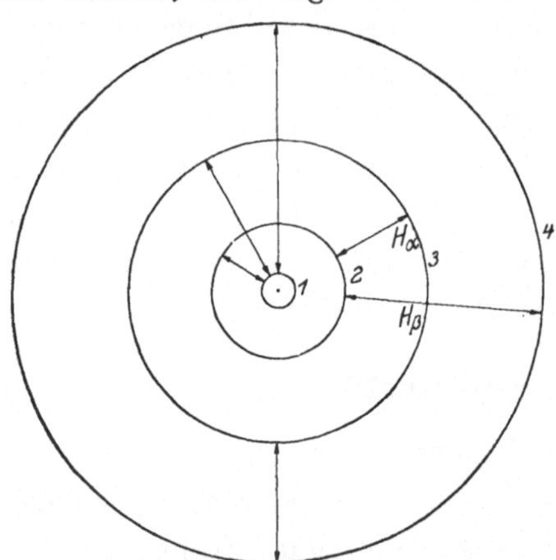

Abb. 2. Schematische Darstellung der stationären Zustände des Wasserstoffatoms.

diesen Sachverhalt in schematischer Weise. Der Einfachheit halber sind die Elektronenbahnen in den stationären Zuständen als Kreise dargestellt, während die Theorie in Wirklichkeit der Exzentrizität der Bahnen keine Einschränkung auferlegt, sondern nur die Länge der großen Achse bestimmt. Die Pfeile symbolisieren die Übergangsprozesse, die der roten und grünen Wasserstofflinie H_α und H_β entsprechen, deren Schwingungszahl durch die Balmer-Formel gegeben ist, wenn wir setzen: $n'' = 2$, $n' = 3$ und 4. Ferner sind die Übergangsprozesse angegeben, die den drei ersten Linien der von Lyman 1914 gefundenen Serie von ultravioletten Linien entsprechen, deren Schwingungszahlen durch die Formel gegeben sind, wenn man $n'' = 1$ setzt, sowie auch die erste Linie der ultraroten Serie, die einige Jahre früher von Paschen entdeckt wurde und die durch die Formel gegeben ist, wenn man $n'' = 3$ setzt.

Die besprochene Deutung des Wasserstoffspektrums führt in natürlicher Weise dazu, dieses Spektrum als Zeugnis eines Prozesses aufzufassen, durch den das Elektron vom Kern „gebunden" wird. Während der größte Spektralterm mit der Gliednummer 1 dem Endstadium des Bindungsprozesses entspricht, entsprechen die kleinen Spektralterme, die zu großen Werten der Gliednummer gehören, stationären Zuständen, die Anfangsstadien des Bindungsprozesses bezeichnen, wo die Bahnen des Elektrons noch große Dimensionen haben, und wo die Arbeit, die geleistet werden muß, um das Elektron vom Kern zu entfernen, noch klein ist. Das Endstadium des Bindungsprozesses können wir als „Normalzustand" des Atoms bezeichnen, und dieser zeichnet sich vor den anderen stationären Zuständen durch die Eigenschaft aus, daß der Zustand des Atoms gemäß den Postulaten nur durch eine Zufuhr von Energie geändert werden kann, durch die das Elektron in eine einem früheren Stadium des Bindungsprozesses entsprechende Bahn mit größeren Dimensionen übergeführt wird.

Die auf Grund der angegebenen Deutung des Spektrums berechnete Größe der Elektronenbahn im Normalzustand stimmt ungefähr überein mit den Werten für die Größe der Atome der Elemente, die man mit Hilfe der kinetischen Gastheorie aus den Eigenschaften der Gase berechnet hatte. Da wir aber als eine unmittelbare Folge der von den Postulaten geforderten Stabilität der stationären Zustände annehmen müssen, daß die Wechselwirkung zwischen zwei Atomen während eines Zusammenstoßes sich nicht vollständig mit Hilfe der klassischen mechanischen Gesetze beschreiben läßt, kann ein Vergleich zwischen diesen Größen auf der hier beschriebenen Grundlage nicht näher verfolgt werden.

Eine innigere Verbindung zwischen dem Spektrum und dem Atommodell wird indessen durch eine Untersuchung der Bewegung in denjenigen stationären Zuständen erhalten, wo die Gliednummer groß ist und wo die Größe der Elektronenbahn sowie ihre Umlaufszahl sich nur verhältnismäßig wenig ändert, wenn wir von einem stationären Zustand zum folgenden gehen. Es konnte nämlich gezeigt werden, daß die Schwingungszahl der Strahlung, die beim Übergang zwischen zwei stationären Zuständen ausgesandt wird, bei denen der Unterschied der Gliednummern klein ist im Verhältnis zur eigenen Größe dieser Nummern, sehr nahe zusammenfällt mit der Schwingungszahl einer der harmonischen Schwingungskomponenten, in welche die Elektronenbewegung aufgelöst werden kann, und also auch mit der Schwingungszahl eines der Wellensysteme in der Strahlung, die gemäß den klassischen elektrodynamischen Gesetzen infolge der Bewegung des Elektrons ausgesandt würde. Die Forderung, daß ein solches Zusammenfallen in der besprochenen Grenze, wo die stationären Zustände relativ nur wenig voneinander abweichen, stattfindet, ist gleichbedeutend damit, daß die Konstante in der Balmer-Formel durch die Relation ausgedrückt werden kann:

$$K = \frac{2\,\pi^2\,e^4\,m}{h^3}$$

wo e und m bzw. Ladung und Masse des Elektrons bedeuten, während h Plancks Konstante ist. Diese Relation hat sich tatsächlich als erfüllt erwiesen innerhalb der beträchtlichen Genauigkeit, mit der die Werte der eingehenden Größen e, m und h, besonders nach den schönen Untersuchungen von Millikan, bekannt sind.

Dieses Resultat bedeutet nicht nur einen Nachweis einer Verbindung zwischen dem Wasserstoffspektrum und dem Modell für das Wasserstoffatom, die so eng war, wie wir es überhaupt im Hinblick auf die Abweichung der Postulate von den klassischen mechanischen und elektrodynamischen Gesetzen hoffen konnten, sondern gibt zugleich einen Fingerzeig, wie die Quantentheorie trotz des eingreifenden Charakters dieser Abweichung doch als eine natürliche Umbildung der Grundbegriffe der klassischen Elektrodynamik aufgefaßt werden kann. Auf diese bedeutungsvolle Frage werden wir im folgenden zurückkommen. Zuerst wollen wir darlegen, wie die Erklärung des Wasserstoffspektrums auf Grund der Postulate sich als geeignet erwies, auf verschiedene Weise die Verwandtschaft zwischen den Eigenschaften der verschiedenen Elemente zu beleuchten.

Verwandtschaftsbeziehungen zwischen den Elementen.

Die im obenstehenden dargelegten Betrachtungen lassen eine unmittelbare Anwendung auf den Prozeß zu, durch den ein Elektron von einem Kern mit willkürlich gegebener Ladung gebunden wird. Die Ausführung der Rechnung führt zu dem Schluß, daß in einem stationären Zustand, der

einem gegebenen Wert der Zahl n entspricht, die große Achse
der Bahn umgekehrt proportional ist zur Kernladung, während
die Arbeit, die zur Entfernung des Elektrons vom Kern
erforderlich ist, direkt proportional ist dem Quadrat der
Kernladung. Das Spektrum, das während der Bindung
eines Elektrons von einem Kern mit N-mal größerer Ladung
als der des Wasserstoffkernes ausgesandt wird, kann daher
durch die Formel dargestellt werden:

$$\nu = N^2 K \left(\frac{1}{n''^2} - \frac{1}{n'^2} \right).$$

Wenn wir in dieser Formel N gleich 2 setzen, erhalten wir
ein Spektrum, das eine Linienreihe im sichtbaren Spektralgebiet enthält, die einige Jahre früher in gewissen Stern-
spektren beobachtet war, und die von Rydberg auf Grund
der engen Analogie mit den durch die Balmer-Formel dar-
gestellten Linienreihen dem Wasserstoff zugeschrieben war.
Es war niemals geglückt, diese Linien im reinen Wasserstoff
zu erzeugen, aber unmittelbar vor der Aufstellung der Theorie
des Wasserstoffspektrums war es Fowler gelungen, die
besprochene Linienreihe dadurch zu beobachten, daß er
starke Entladungen durch eine Mischung von Wasserstoff
und Helium gehen ließ. Auch dieser Forscher nahm indessen
die Linien als Wasserstofflinien an, da man nach den damaligen
Erfahrungen nicht darauf vorbereitet war, daß zwei verschiedene Stoffe Eigenschaften zeigen könnten, die eine so große
Ähnlichkeit besitzen wie die, welche das besprochene Spektrum und das Wasserstoffspektrum aufweisen. Auf Grund
der Theorie wurde es jedoch klar, daß die beobachteten Linien
einem Heliumspektrum angehören müßten, das bloß nicht
so wie das gewöhnliche Heliumspektrum vom neutralen
Atom ausgesandt wird, sondern von einem ionisierten Helium-
atom, das ja aus einem einzigen Elektron besteht, das sich
um einen Kern mit doppelter Ladung bewegt. Damit war

ein neuer Zug in der Verwandtschaft zwischen den Eigenschaften der Elemente zutage getreten, von einer Art, die genau unseren jetzigen Vorstellungen vom Atombau entspricht, nach denen die physikalischen und chemischen Eigenschaften eines Elementes in erster Linie allein durch die elektrische Ladung des Atomkerns bedingt sind.

Bald nach der Aufklärung dieser Frage wurde das Vorhandensein einer allgemeinen Verwandtschaft ähnlicher Art zwischen den Eigenschaften der Elemente an den Tag gebracht durch Moseleys wohlbekannte Untersuchungen über die charakteristischen Röntgenspektren der Elemente, die durch Laues Entdeckung der Interferenz der Röntgenstrahlen in Kristallen und die darauf fußenden Untersuchungen von W. H. und W. L. Bragg ermöglicht war. Es zeigte sich nämlich, daß die Röntgenspektren der verschiedenen Elemente einen viel einfacheren Bau und eine viel größere Ähnlichkeit untereinander aufweisen als die optischen Spektren der Elemente, und namentlich zeigte sich, daß die Spektren sich von Element zu Element in einer Weise ändern, die genau der obenstehenden Formel für das Spektrum entspricht, das bei der Bindung eines Elektrons durch einen Kern ausgesandt wird, wenn in dieser Formel N der Atomnummer des betreffenden Elementes gleichgesetzt wird. Ja, diese Formel zeigte sich sogar imstande, mit beträchtlicher Näherung die Schwingungszahlen für die stärksten Röntgenlinien wiederzugeben, wenn man für n' und n'' kleine ganze Zahlen einsetzt. Diese Entdeckung war in vieler Hinsicht von großer Bedeutung. Erstens war die Verwandtschaft zwischen den Röntgenspektren der verschiedenen Elemente so einfach, daß es möglich war, die Atomnummern eindeutig für alle bekannten Elemente festzulegen und dadurch mit Sicherheit die Atomnummern für alle solche bisher unbekannten Elemente vorauszusagen, denen ein Platz im natürlichen

System zukommt. In Abb. 3 sind für zwei charakteristische Röntgenlinien der sogenannten K-Gruppe, die das größte Durchdringungsvermögen besitzt, die Quadratwurzeln der Schwingungszahlen in ihrer Abhängigkeit von der Atomnummer dargestellt. Mit sehr großer Näherung liegen die Punkte auf geraden Linien, deren gleichmäßiger Verlauf da-

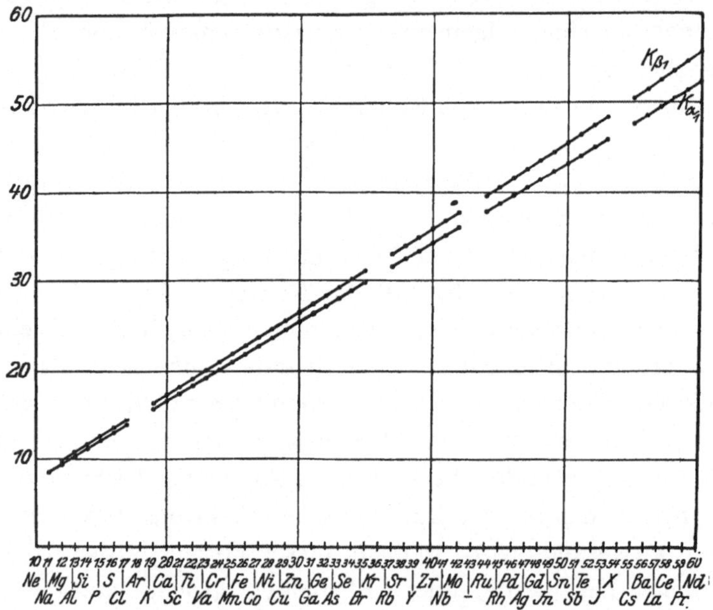

Abb. 3. Die Quadratwurzel aus der Schwingungszahl zweier charakteristischer Röntgenlinien in ihrer Abhängigkeit von der Atomnummer.

durch bedingt ist, daß bei den für die Atomnummer angesetzten Werten nicht nur auf bekannte Elemente Rücksicht genommen ist, sondern daß, wie wir sehen, überdies zwischen den Elementen Molybdän (42) und Ruthenium (44) ein Platz offengelassen ist, so wie es auch in Mendelejeffs ursprünglicher Darstellung des natürlichen Systems der Elemente angenommen war. Ferner gaben die einfachen Gesetze für die Röntgenspektren eine Bestätigung der allgemeinen theoretischen Vorstellungen, sowohl was den Grundzug des Atombaues betrifft als in bezug auf die Gesichtspunkte, die der Erklärung der Spektren zugrunde gelegt waren. Die Ähnlichkeit zwischen den Röntgenspektren und dem Spektrum, das bei der Bindung eines einzigen Elektrons durch den Atomkern ausgesandt wird, beruht nämlich einfach darauf, daß es sich bei den Röntgenspektren um Übergänge zwischen stationären Zuständen handelt, die von Änderungen der Bewegung eines Elektrons im inneren Gebiet des Atoms begleitet sind, wo der Einfluß der Anziehung des Kerns überwiegend ist verglichen mit den abstoßenden Kräften von seiten der anderen Elektronen.

Die Verwandtschaft zwischen den anderen Eigenschaften der Elemente ist oft von einem viel mehr verwickelten Charakter, was davon herrührt, daß es sich hier um Prozesse handelt, die Bewegungen der Elektronen in den äußeren Teilen des Atoms betreffen, wo die Kräfte, welche die Elektronen aufeinander ausüben, von derselben Größenordnung sind wie die Anziehung des Kernes, und wo deshalb das genauere Wechselspiel der Elektronen im Atom eine entsprechende Rolle spielt.

Ein charakteristisches Beispiel für einen solchen Sachverhalt wird durch die Raumerfüllung der Elemente gegeben. Bekanntlich machte schon Lothar Meyer auf die eigentümliche periodische Veränderung aufmerksam, welche das Verhältnis von Atomgewicht und Dichte, das sogenannte Atomvolumen, innerhalb des Systems der Elemente aufweist. Einen Eindruck von dieser Veränderung gibt Abb. 4, in der das Atomvolumen als Funktion der Atomnummer dargestellt ist. Ein größerer Gegensatz als zwischen dieser und der vorigen Abbildung ist kaum denkbar. Während die Röntgenspektren gleichmäßig mit der Atomnummer variieren, zeigen die Atomvolumina eine ausgesprochen periodische Änderung, die genau der Änderung in den chemischen Eigenschaften der Elemente entspricht, die im natürlichen System der Elemente zum Ausdruck kommt.

Ein ganz ähnlicher Sachverhalt spiegelt sich in den gewöhnlichen optischen Spektren der Elemente wieder. Trotz der

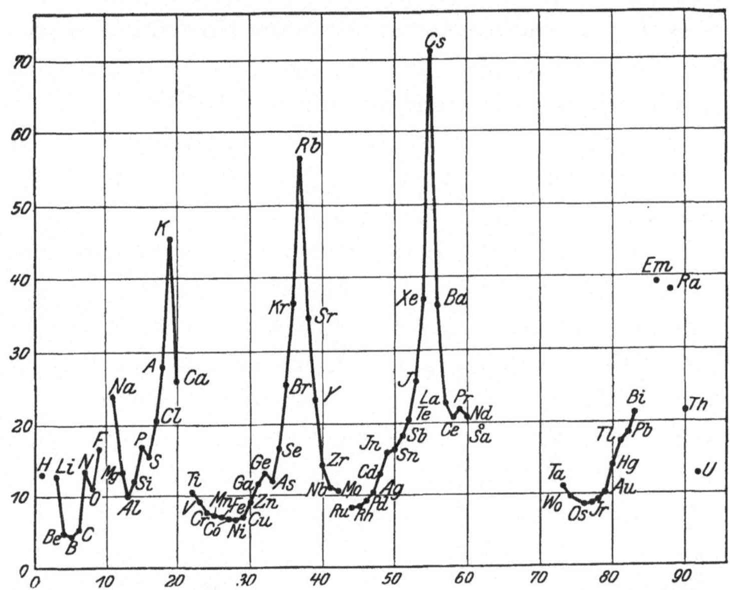

Abb. 4. Abhängigkeit des Atomvolumens der Elemente von der Atomnummer.

großen Verschiedenheiten, die diese Spektren aufweisen, war es hier doch schon vor vielen Jahren Rydberg gelungen, einer gewissen allgemeinen Verwandtschaft zwischen dem Wasserstoffspektrum und den Spektren der anderen Elemente nachzuspüren. Obwohl die Spektrallinien der Elemente mit höherer Atomnummer als Kombinationen einer mehr verwickelten Mannigfaltigkeit von Spektraltermen auftreten,

die nicht einfach einer Reihe von ganzen Zahlen zugeordnet
werden kann, können die Spektralterme doch in Reihen
geordnet werden, von denen jede für sich eine große Ähnlichkeit mit der Termreihe im Wasserstoffspektrum aufweist.
Diese Ähnlichkeit zeigt sich darin, daß der empirische Ausdruck für die Terme in jeder Reihe mit großer Genauigkeit
in der Form $\dfrac{K}{(n + \alpha_k)^2}$ geschrieben werden kann, wo K dieselbe Konstante wie diejenige ist, die im Wasserstoffspektrum
auftritt und die oft Rydbergs Konstante genannt wird,
während n die Gliednummer und α_k eine für die verschiedenen Reihen verschiedene Konstante ist. Dieses Verwandt-
schaftsverhältnis zum Wasserstoffspektrum führt uns unmittelbar dazu, die besprochenen Spektren als die letzte
Stufe eines Prozesses aufzufassen, durch den das neutrale
Atom durch Einfangung und Bindung der Elektronen vom
Kern nacheinander gebildet wird. Es ist nämlich klar, daß
das zuletzt eingefangene Elektron während der Anfangsstadien des Bindungsprozesses, in denen seine Bahn noch
groß ist im Verhältnis zu den Bahnen der früher gebundenen
Elektronen, Kräften von seiten des Kerns und dieser Elektronen unterworfen sein wird, die nur wenig abweichen von
den Kräften, mit denen das Elektron im Wasserstoffatom
während seiner Bewegung in Bahnen von entsprechenden
Dimensionen vom Kern angezogen wird.

Während die hier besprochenen Spektren, für welche das
Rydbergsche Gesetz gilt, von den Elementen bei elektrischen
Entladungen unter gewöhnlichen Bedingungen ausgesandt
werden und oft als Bogenspektren bezeichnet werden,
senden die Elemente, wenn sie besonders starken Entladungen
unterworfen werden, die sogenannten Funkenspektren
aus, bei denen es früher nicht gelungen war, ihre Gesetzmäßigkeiten in entsprechender Weise wie die der Bogen-

spektren zu entwirren. Bald nachdem die obenstehende Deutung der Entstehung des Wasserstoffspektrums aufgestellt war, fand jedoch Fowler (1914), daß man empirische Ausdrücke für die Linien der Funkenspektren aufstellen konnte, die ganz dem Rydbergschen Gesetz entsprachen, bis auf den Unterschied, daß die Konstante K durch eine viermal so große Konstante ersetzt werden mußte. Da, wie wir gesehen haben, die Konstante, die im Spektrum auftritt, das bei der Bindung eines Elektrons durch den Heliumkern emittiert wird, gerade gleich $4\,K$ ist, wurde es deshalb klar, daß die Funkenspektren von ionisierten Atomen herrühren, und daß ihre Emission der vorletzten Stufe in der Bildung des neutralen Atoms durch sukzessive Einfangung und Bindung der Elektronen entspricht.

Absorption und Anregung von Spektrallinien.

Die dargelegte Auffassung der Entstehung der Spektren erwies sich ferner als geeignet, eine Erklärung der eigentümlichen Gesetze zu liefern, welche die Absorptionsspektren der Elemente beherrschen. Wie schon von Kirchhoff und Bunsen nachgewiesen wurde, gibt es eine genaue Beziehung zwischen der selektiven Absorption der Elemente für Strahlung und ihren Emissionsspektren, ein Umstand, auf den die Anwendung der Spektralanalyse auf die Himmelskörper wesentlich gegründet ist. Es war indessen vom Standpunkt der klassischen Theorie aus unverständlich, warum die Elemente in Dampfform für gewisse der Linien im Emissionsspektrum Absorption zeigten und für andere nicht. Auf Grund der Postulate werden wir jedoch dazu geführt, anzunehmen, daß Absorption von Strahlung, die einer Spektrallinie entspricht, welche beim Übergang vom stationären Zustand eines Atoms zu einem Zustand mit kleinerer Energie ausgesandt wird, durch die Zurückführung des Atoms vom letztgenannten Zustand zum ersteren unter Energieaufnahme bedingt ist. Wir verstehen deshalb unmittelbar, daß ein Dampf oder Gas unter gewöhnlichen Umständen selektive Absorption nur für solche Spektrallinien zeigt, die bei einem Übergang aus einem Zustand, der einem früheren Stadium des Bindungsprozesses entspricht, in den Normalzustand entstehen. Erst bei höherer Temperatur oder unter dem Einfluß von elektrischen Entladungen, wobei stets eine beträchtliche Anzahl von Atomen aus dem Normalzustand gebracht ist, können wir in Übereinstimmung mit der Erfahrung für andere Linien im Emissionsspektrum Absorption erwarten.

Eine Stütze von sehr direkter Art für unsere Interpretation der Serienspektren auf Grund der Postulate hat man ferner erhalten durch Versuche über die Anregung von Spektrallinien und Ionisation der Atome durch Zusammenstoß mit freien Elektronen mit gegebenen Geschwindigkeiten. Der entscheidende Fortschritt auf diesem Gebiet wurde durch die wohlbekannten Untersuchungen von Franck und Hertz (1914) eingeleitet. Es zeigte sich bei diesen Versuchen, daß man durch Elektronenstoß einem Atom nicht eine beliebige Energiemenge zuführen konnte, sondern nur eine solche, die einer Überführung des Atoms aus dem Normalzustand in einen anderen stationären Zustand entspricht, von dessen Existenz uns die Spektren belehren, und dessen Energieinhalt durch die Größe der Spektralterme bestimmt wird. — Weiter bekam man ein schlagendes Zeugnis der Unabhängigkeit der Prozesse, die Anlaß zur Aussendung der verschiedenen Linien des Spektrums geben, wie sie ihnen gemäß den Postulaten zukommen muß, indem direkt gezeigt werden konnte, daß Atome, die auf diese Weise in einen stationären Zustand mit größerer Energie gebracht waren, unter Aussendung von Strahlung, die einer einzigen Spektrallinie entspricht, zum

Normalzustand zurückkehren können. Die Fortsetzung der Untersuchungen über Elektronenstoß, an der eine große Zahl von Physikern teilgenommen haben, hat eine in Einzelheiten gehende Bestätigung der näheren Annahmen über die Herkunft der Serienspektren gebracht. Namentlich konnte gezeigt werden, daß für die Ionisation von Atomen durch Elektronenstoß eine Energie erforderlich ist, die gerade der Arbeit entspricht, die nach der Theorie notwendig ist, um das zuletzt eingefangene Elektron vom Atom zu entfernen, eine Arbeit, die sich unmittelbar bestimmt als das Produkt von Plancks Konstante und dem dem Normalzustand entsprechenden Spektralterm, der nach dem Obenstehenden gerade der Grenzwert der Schwingungszahlen der mit selektiver Absorption verbundenen Spektralserien ist.

Die Quantentheorie mehrfach periodischer Systeme.

Während es in so unmittelbarer Anknüpfung an die Grundpostulate der Quantentheorie möglich war, von gewissen allgemeinen Zügen der Eigenschaften der Elemente Rechenschaft zu geben, war eine genauere Ausbildung der Theorie erforderlich, um eine mehr eingehende Erklärung dieser Eigenschaften zu erreichen. Eine breitere theoretische Grundlage wurde im Laufe der letzten Jahre durch die Entwicklung von formalen Methoden geschaffen, welche die stationären Zustände für Elektronenbewegungen von einem allgemeineren Typus als dem bisher betrachteten festzulegen erlauben. Für eine rein periodische Bewegung, wie wir ihr bei einem einfachen harmonischen Oszillator und wenigstens in erster Näherung bei der Bewegung eines Elektrons um einen positiven Kern begegnen, kann der Mannigfaltigkeit der stationären Zustände einfach eine Reihe von ganzen Zahlen zugeordnet werden. Für Bewegungen des genannten allgemeineren Typus, die sogenannten mehrfach periodischen

Bewegungen, bilden jedoch die stationären Zustände eine mehr zusammengesetzte Mannigfaltigkeit, in der durch die erwähnten formalen Methoden jeder Zustand durch mehrere ganze Zahlen, die sogenannten „Quantenzahlen", charakterisiert ist. An der Entwicklung der Theorie haben eine große Zahl von Forschern teilgenommen, und die Einführung von mehreren Quantenzahlen kann auf Arbeiten von Planck selbst zurückgeführt werden. Den Anstoß zum entscheidenden Fortschritt in der Atomforschung brachte aber die von Sommerfeld (1915) aufgestellte Erklärung der Feinstruktur, welche die Wasserstofflinien aufweisen, wenn das Wasserstoffspektrum mit Hilfe von Spektroskopen mit großem Auflösungsvermögen beobachtet wird. Diese Feinstruktur rührt davon her, daß wir es schon im Wasserstoffatom nicht mit einer rein periodischen Bewegung zu tun haben. Infolge der von der Relativitätstheorie geforderten Änderung der Elektronenmasse mit ihrer Geschwindigkeit vollführt nämlich die Elektronenbahn eine sehr langsame Präzession in ihrer Bahnebene. Die Bewegung ist deshalb doppeltperiodisch, und außer der Zahl, welche die Terme in der Balmer-Formel charakterisiert und die wir als „Hauptquantenzahl" bezeichnen wollen, da sie die Energie des Atoms in erster Linie bestimmt, erfordert die Festlegung der stationären Zustände noch eine Quantenzahl, die wir als „Nebenquantenzahl" bezeichnen.

Eine Übersicht über die Bewegung in den so festgelegten Zuständen ist in Abb. 5 gegeben, welche die relative Größe und Form der Elektronenbahnen angibt. Jede Bahn ist mit einem Symbol n_k bezeichnet, in dem n die Hauptquantenzahl und k die genannte Nebenquantenzahl bedeutet. Alle Bahnen mit demselben Wert für die Hauptquantenzahl haben in erster Näherung dieselbe große Achse, während die Bahnen mit demselben Wert von k dieselbe Länge des Parameters,

d. h. der kleinsten Sehne durch den Brennpunkt, besitzen. Da die Energiewerte für verschiedene Zustände mit demselben Wert von n, aber verschiedenen Werten von k, wenig voneinander abweichen, bekommen wir nun für jede Wasserstofflinie, die bestimmten Werten von n' und n'' in der Balmer-Formel entspricht, eine Anzahl von verschiedenen Übergangsprozessen, für welche die Schwingungszahlen der emittierten Strahlung, nach dem zweiten Postulat berechnet,

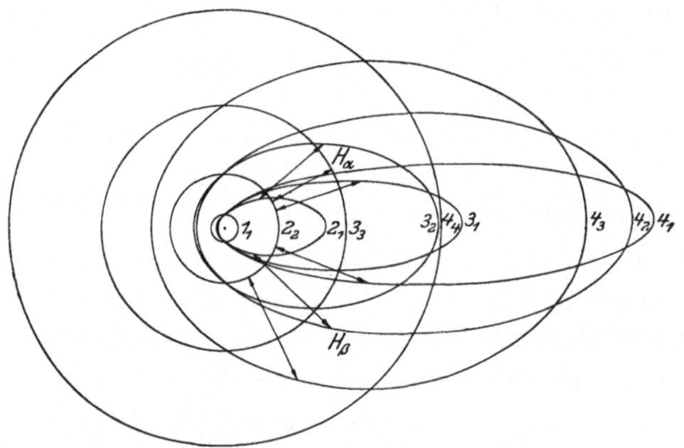

Abb. 5. Die Elektronenbahnen in den stationären Zuständen des Wasserstoffatoms bei Berücksichtigung der Veränderlichkeit der Elektronenmasse.

nicht genau dieselben sind. Wie Sommerfeld nachweisen konnte, stimmt das so berechnete Komponentenbild für jede Wasserstofflinie innerhalb der Versuchsgenauigkeit mit den Beobachtungen über die Feinstruktur der Wasserstofflinien überein. In der Abbildung bedeuten die Pfeile die Übergänge, welche die Komponenten der roten und grünen Linie im Wasserstoffspektrum hervorbringen, deren Schwingungszahlen sich ergeben, wenn man in der Balmer-Formel $n'' = 2$ und $n' = 3$ bzw. 4 setzt.

Bei der Betrachtung der Abbildung mag jedoch nicht vergessen werden, daß die Beschreibung der Bahnen unvollständig ist, insofern mit dem benutzten Maßstab die langsame Präzession nicht zum Ausdruck gebracht werden konnte. Diese Präzession ist nämlich so langsam, daß die Elektronen selbst für die Bahnen, die sich am schnellsten drehen, ungefähr 40 000 Umläufe vollführen, bevor das Perihel einen Umlauf vollführt hat. Nichtsdestoweniger ist diese Präzession der einzige Grund für die Beschaffenheit der durch die Nebenquantenzahl charakterisierten Mannigfaltigkeit von stationären Zuständen. Ist zum Beispiel das Wasserstoffatom kleinen äußeren Kräften ausgesetzt, welche die regelmäßige Präzession stören, so wird die Elektronenbahn in den stationären Zuständen ganz andere Formen bekommen als die in der Abbildung angegebenen. Gleichzeitig wird die Feinstruktur verwischt werden, aber das Wasserstoffspektrum wird stets aus Linien bestehen, die mit großer Näherung durch die Balmer-Formel gegeben sind, was damit zusammenhängt, daß der angenähert periodische Charakter der Bewegung beibehalten werden wird. Erst wenn die störenden Kräfte so groß sind, daß die Bahnen schon während eines einzigen Umlaufs wesentlich gestört werden, wird das Spektrum bedeutende Änderungen erleiden. Die Ansicht, die man oft dargelegt findet, daß die Einführung von zwei Quantenzahlen eine notwendige Bedingung für eine Erklärung der Balmer-Formel sei, ist deshalb ein Mißverständnis des Wesens der Theorie.

Sommerfelds Theorie erwies sich nicht nur imstande, von der Feinstruktur der Wasserstofflinien Rechenschaft zu geben, sondern auch von der Feinstruktur der Linien in dem mit dem Wasserstoffspektrum analogen Heliumfunkenspektrum, wo der Abstand zwischen den Linienkomponenten infolge der größeren Geschwindigkeit der Elektronen viel größer ist und mit bedeutend größerer Genauigkeit gemessen werden konnte; ja, es war sogar möglich, von gewissen Zügen in der Feinstruktur der Röntgenspektren Rechenschaft zu geben, bei denen es sich um Schwingungszahldifferenzen handelt, die Werte erreichen, welche mehr als eine Million mal größer sind als die Werte der Schwingungszahldifferenzen der Komponenten der Wasserstofflinien.

Bald nachdem dieses Resultat gefunden war, gelang es gleichzeitig Epstein und Schwarzschild (1916), durch entsprechende Betrachtungen in Einzelheiten von den charakteristischen Veränderungen Rechenschaft zu geben, welche die Wasserstofflinien in einem elektrischen Feld erleiden, und die von Stark im Jahre 1914 entdeckt wurden. Eine Erklärung für wesentliche Züge des Zeemann-Effektes der Wasserstofflinien wurde darauf gleichzeitig von Sommerfeld und Debye ausgearbeitet (1917). In diesem Falle führte die Anwendung der Postulate zur Konsequenz, daß nur gewisse Orientierungen eines Atoms relativ zum Magnetfeld zugelassen sind, und diese eigentümliche Folgerung der Quantentheorie hat kürzlich (1922) eine sehr direkte Bestätigung erhalten durch den schönen Versuch von Stern und Gerlach über die Ablenkung von schnell bewegten Silberatomen in einem inhomogenen magnetischen Feld.

Das Korrespondenzprinzip.

Während diese Entwicklung der Spektraltheorie auf der Ausarbeitung von formalen Methoden zur Festlegung von stationären Zuständen beruhte, gelang es dem Vortragenden in der folgenden Zeit, im Zusammenhang mit bedeutungsvollen Arbeiten von Ehrenfest und Einstein, die Theorie von einem neuen Gesichtspunkt aus zu beleuchten durch die Verfolgung der schon beim Wasserstoffspektrum nachgespürten eigentümlichen formalen Verbindung zwischen der

Quantentheorie und der klassischen elektrodynamischen Theorie. Diese Bestrebungen führten zur Aufstellung des sogenannten „Korrespondenzprinzips", nach dem das Auftreten von mit Ausstrahlung verbundenen Übergängen zwischen stationären Zuständen des Atoms zurückgeführt wird auf die in der Bewegung des Atoms auftretenden harmonischen Schwingungskomponenten, die nach der klassischen Theorie die Beschaffenheit der infolge der Bewegung der Teilchen emittierten Strahlung bedingen. So wird gemäß dem Prinzip angenommen, daß jeder Übergangsprozeß zwischen zwei stationären Zuständen an eine korrespondierende harmonische Schwingungskomponente geknüpft ist in solcher Weise, daß die Wahrscheinlichkeit für das Auftreten des Überganges von der Amplitude der Schwingung abhängig ist, während die Polarisation der beim Übergang emittierten Strahlung von der näheren Beschaffenheit der Schwingung bedingt ist in entsprechender Weise wie die Strahlungsintensität und die Polarisation in dem Wellensystem, das gemäß der klassischen Theorie von einem Atom als Folge der Anwesenheit der besprochenen Schwingungskomponente emittiert werden würde bzw. durch die Amplitude und die Beschaffenheit der Schwingung bestimmt sein würde.

Mit Hilfe des Korrespondenzprinzips ist es möglich gewesen, die obenerwähnten Resultate zu vertiefen und weiterzuführen. So gelang es, eine vollständige quantentheoretische Erklärung des Zeemann-Effektes der Wasserstofflinien zu entwickeln, die trotz des wesensverschiedenen Charakters der Annahmen, die den beiden Theorien zugrunde liegen, doch eine tiefgehende Ähnlichkeit aufweist mit der von Lorentz auf Grund der klassischen Theorie gegebenen Erklärung. Für das Vorkommen des Stark-Effektes, dem die klassische Theorie vollständig ratlos gegenübergestanden war, gelang es mit Hilfe des Korrespondenzprinzips, die quantentheoretische

Erklärung weiterzuführen, so daß sie auch eine Rechenschaft für die Polarisation der verschiedenen Komponenten, in welche die Linien aufgespalten werden, sowie für die eigentümliche Intensitätsverteilung, die das Komponentenbild darbietet, umfaßt. Diese letzte Frage wurde von Kramers näher untersucht, und die untenstehende Abbildung wird einen Eindruck davon geben, wie eingehend die Erklärung der in Rede stehenden Erscheinung ist. Abb. 6 stellt eine von Starks wohlbekannten schönen Aufnahmen der Aufspaltung

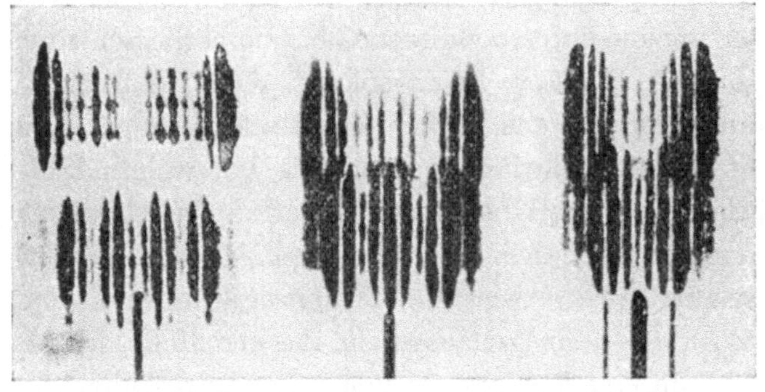

Abb. 6. Der Stark-Effekt der Wasserstofflinien H_δ, H_γ und H_β.

der Wasserstofflinien dar. Das Bild gibt einen starken Eindruck davon, wie reichhaltig die Erscheinung ist und in welcher eigentümlichen Weise die Intensitäten von Komponente zu Komponente variieren; während die Komponenten zu unterst auf dem Bilde senkrecht zum Feld polarisiert sind, sind die obersten Komponenten parallel zum Feld polarisiert. Abb. 7 gibt eine schematische Darstellung der experimentellen und theoretischen Resultate für die Linie H_γ, deren Schwingungszahl durch die Balmer-Formel gegeben ist, wenn man $n'' = 2$ und $n' = 5$ setzt. Die vertikalen Linien bezeichnen die Aufspaltungskomponenten, indem das Bild rechts die parallel polarisierten Komponenten wiedergibt und das Bild links die senkrecht polarisierten. Die experimentellen Resultate sind in der oberen Hälfte des Diagramms wiedergegeben. Der Abstand der Linien von der punktierten Linie gibt die gemessene Verschiebung der Komponenten an, und ihre Länge ist proportional der relativen Intensität der Komponenten, die von Stark nach der Schwärzung der photographischen Platte beurteilt ist. In der unteren Hälfte ist zum Vergleich nach einer Zeichnung aus Kramers' Abhandlung eine Darstellung der theoretischen Resultate gegeben. Die den Linien

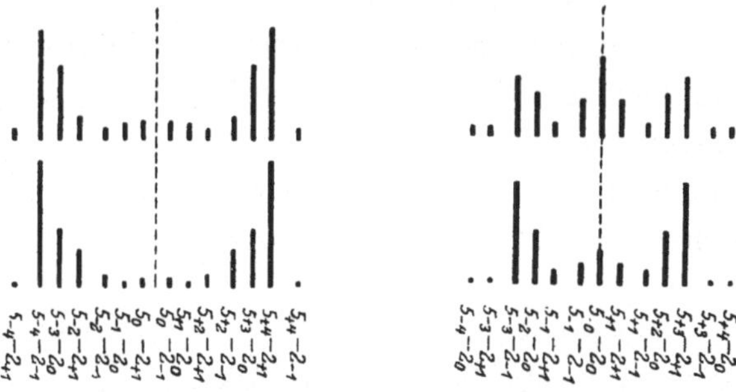

Abb. 7. Das Stark-Effekt der Wasserstofflinie H_γ. Vergleich zwischen Beobachtung (oben) und Theorie (unten). p-Komponente, links die s-Komponente.

hinzugefügten Symbole $(n'_{s'} - n''_{s''})$ geben die Übergangsprozesse zwischen den stationären Zuständen des Atoms im elektrischen Feld an, bei denen diese Komponenten emittiert werden. Außer durch die Hauptquantenzahl n sind die stationären Zustände durch eine Nebenquantenzahl s charakterisiert, die sowohl positiv wie negativ sein kann, und die eine ganz andere Bedeutung hat als die Quantenzahl k, die in der Theorie der relativistischen Feinstruktur der Wasserstofflinien auftritt und die Form der Elektronenbahn im ungestörten Atom bestimmt. Unter dem Einfluß des elektrischen Feldes ist sowohl die Form der Bahn als auch ihre Lage durchgreifenden Änderungen unterworfen, aber gewisse

Bahneigenschaften bleiben unverändert, und an deren Beschreibung ist die Nebenquantenzahl s geknüpft. In der Abbildung entspricht die Lage der Komponenten den für die verschiedenen Übergänge berechneten Schwingungszahlen, und die Länge der Linien ist proportional mit der Wahrscheinlichkeit für die verschiedenen Übergangsprozesse aufgetragen, die auf Grund des Korrespondenzprinzips, das auch die Polarisation der den Übergängen entsprechenden Strahlung festlegt, geschätzt ist. Man sieht, daß die Theorie alle Hauptzüge der Versuchsresultate wiedergibt, und wir können auf Grund des Korrespondenzprinzips sagen, daß der Stark-Effekt bis in die kleinsten Einzelheiten die Wirkung abspiegelt, die das elektrische Feld auf die Elektronenbahnen im Wasserstoffatom ausübt, obwohl im Gegensatz zu den Verhältnissen beim Zeemann-Effekt die Aufspaltungen in diesem Falle so verwickelt sind, daß man auf Grund der Auffassung der klassischen Theorie vom Ursprung der elektromagnetischen Strahlung kaum direkt die Bewegung wiedererkennen könnte.

Auch für die Serienspektren der Elemente mit höherer Atomnummer, deren Erklärung, inzwischen durch die Einführung von mehreren Quantenzahlen zur Beschreibung der Elektronenbahnen in bedeutungsvoller Weise von Sommerfeld weitergeführt wurde, wurden interessante Resultate erhalten. Mit Hilfe des Korrespondenzprinzips gelang es namentlich, vollkommen Rechenschaft zu geben von den eigentümlichen Regeln, die das scheinbar launenhafte Auftreten der Kombinationslinien beherrschten, und man darf sagen, daß die Quantentheorie nicht nur eine einfache Erklärung des Kombinationsprinzips gebracht hat, sondern daß sie zugleich wesentlich dazu beigetragen hat, die Mystik zu entfernen, die lange über den Anwendungen dieses Prinzips lag.

Dieselben Gesichtspunkte haben sich auch als fruchtbar erwiesen bei der Erforschung der sogenannten Bandenspektren. Diese rühren nicht wie die Serienspektren von einzelnen Atomen her, sondern von Molekülen, und der große Linienreichtum dieser Spektren ist begründet in der Kompliziertheit der Bewegung, welche die Schwingung der Atomkerne relativ zueinander und die Rotation der Moleküle als Ganzes bewirkt. Der erste, der die Postulate auf dieses Problem anwandte, war Schwarzschild, aber die Theorie ist namentlich vom schwedischen Physiker Heurlinger ausgebildet worden, der durch seine bedeutungsvollen Arbeiten viel Licht auf Bau und Ursprung der Bandenspektren geworfen hat. Die hierher gehörenden Betrachtungen gehen direkt zurück auf die am Beginn des Vortrages erwähnte Bjerrumsche Theorie für den Einfluß der Molekülrotation auf die ultraroten Absorptionslinien der Gase. Wohl denken wir nicht mehr, daß die Rotation sich im Spektrum in der Weise abspiegelt, wie es die klassische Elektrodynamik verlangt, sondern vielmehr, daß die Linienkomponenten durch Übergänge zwischen stationären Zuständen bedingt sind, die sich hinsichtlich der Rotationsbewegung unterscheiden. Daß aber die Erscheinung doch ihre wesentlichen Züge behält, ist eine typische Folge der Gesetzmäßigkeit, der das Korrespondenzprinzip Ausdruck gibt.

Das natürliche System der Elemente.

Die im Vorausgehenden entwickelten Gesichtspunkte betreffend die Erklärung der Spektren haben eine Grundlage für eine Theorie vom Bau der Atome der Elemente geliefert, die sich als geeignet erwiesen hat, in großen Zügen von den Eigenschaften der Elemente Rechenschaft zu geben, so wie sie im natürlichen System der Elemente zum Ausdruck kommen. Diese Theorie stützt sich in erster Linie auf Betrachtungen über die Weise, in der ein Atom durch sukzessive Einfangung und Bindung der Elektronen an den Kern aufgebaut gedacht werden kann. Wie wir gesehen haben, geben die optischen Spektren der Elemente gerade ein Zeugnis vom Verlauf der letzten Stufe dieses Aufbauprozesses. Einen Einblick in den Charakter der Aufklärungen, die die nähere Untersuchung der Spektren in dieser Hinsicht gebracht hat, erhält man durch Abb. 8, die eine schematische Darstellung der Bahnen in den stationären Zuständen gibt, die der Aussendung des Bogenspektrums von Kalium entsprechen. Die

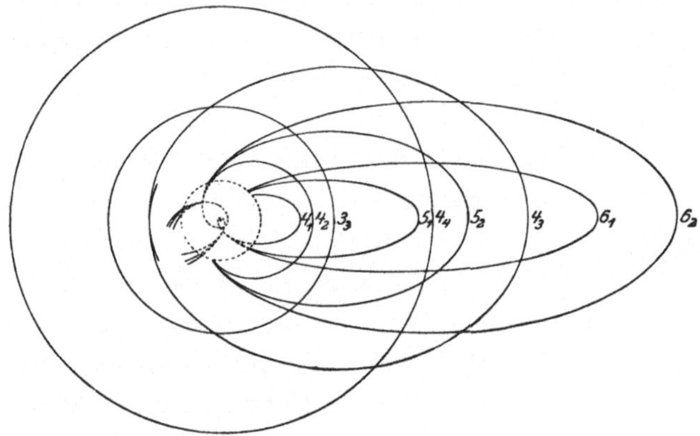

Abb. 8. Die Elektronenbahnen in den stationären Zuständen des Kaliumatoms, die der Aussendung des Bogenspektrums entsprechen.

Kurven geben die Formen der Bahnen an, die das zuletzt eingefangene Elektron im Kaliumatom in denjenigen stationären Zuständen beschreibt, die als Stadien des Prozesses auftreten können, durch den das 19. Elektron gebunden wird, nachdem die 18 ersten Elektronen in ihren normalen Bahnen gebunden sind. Um die Abbildung nicht zu komplizieren, wurde nicht versucht, irgendwelche von den Bahnen dieser inneren Elektronen zu zeichnen, sondern das Gebiet, innerhalb dessen sich diese bewegen, ist bloß durch den punktierten Kreis angegeben. In einem Atom mit mehreren Elektronen werden die Bahnen im allgemeinen einen verwickelten Charakter haben. Infolge der symmetrischen Natur des den Kern umgebenden Kraftfeldes kann aber die Bewegung jedes Elektrons näherungsweise als eine ebene periodische Bewegung beschrieben werden, der eine gleichförmige Drehung in der Bahnebene überlagert ist. Jede Elektronenbahn wird deshalb in erster Näherung doppelt periodisch und durch Verwendung von zwei Quantenzahlen festgelegt sein, analog wie die stationären Zustände im Wasserstoffatom, wenn die vom Relativitätseffekt herrührende Präzession berücksichtigt wird.

In derselben Weise wie in Abb. 5 sind deshalb in Abb. 8 die Elektronenbahnen mit einem Symbol n_k bezeichnet, worin n die Hauptquantenzahl und k die Nebenquantenzahl ist. Während in den Anfangsstadien des Bindungsprozesses, wo die Quantenzahlen groß sind, die Bahn des zuletzt eingefangenen Elektrons ganz außerhalb des Gebietes der früher eingefangenen Elektronen verläuft, verhält es sich anders in den letzten Stadien. So dringen im Kaliumatom die Elektronenbahnen mit der Nebenquantenzahl 2 und 1, wie in der Abbildung angedeutet, während ihres Umlaufs in das innere Gebiet ein. Infolge dieses Umstandes werden die Bahnen außerordentlich stark von einer einfachen Kepler-Bewegung abweichen, indem sie aus einer Reihe von aufeinanderfolgenden äußeren Bahnschlingen bestehen werden, welche dieselbe Größe und Form haben, von denen aber jede relativ zur vorausgehenden um einen bedeutenden Winkel gedreht ist. Diese äußeren Bahnschlingen, von denen in der Abbildung nur eine einzige gezeichnet ist und von denen jede für sich nahe mit einem Teil einer Kepler-Ellipse zusammenfällt, sind, wie angedeutet, durch eine Reihe von inneren Bahnschlingen von einem verwickelteren Charakter verbunden, in denen die Elektronen sich dem Kern stark nähern. Dies gilt namentlich für die Bahn mit der Nebenquantenzahl 1, die, wie eine nähere

Untersuchung zeigt, in der Tat dem Kern näherkommt als irgendeines der früher gebundenen Elektronen. Dieses Eindringen in das innere Gebiet bewirkt, daß obwohl die betreffenden Elektronenbahnen zum größten Teil in einem Kraftfeld vom selben Charakter wie das den Kern im Wasserstoffatom umgebende Kraftfeld verlaufen, die Stärke, mit der das Elektron in einer gegebenen Bahn vom Atom festgehalten wird, weitaus größer ist als die, mit der das Elektron im Wasserstoffatom in einer Bahn mit derselben Hauptquantenzahl gebunden ist, ebenso wie der Maximalabstand des Elektrons vom Kern während des Umlaufes bedeutend kleiner ist als in einer solchen Bahn im Wasserstoffatom. Wie wir sehen werden, ist dieser Zug bei der Elektronenbindung in den Atomen mit vielen Elektronen wesentlich für das Verständnis der eigentümlichen periodischen Weise, in der die Eigenschaften der Elemente mit der Atomnummer variieren, wie sie im natürlichen System zutage tritt.

In der Tabelle (S. 46 und 47) ist eine Übersicht über die Resultate gegeben, die der Verfasser betreffend den Bau der Atome der Elemente durch Betrachtungen über die sukzessive Einfangung und Bindung der Elektronen durch den Atomkern erhalten hat. Die neben den verschiedenen Elementen stehende Zahl ist die Atomnummer, welche die gesamte Elektronenzahl im neutralen Atom angibt. Die Zahlen in den verschiedenen Kolonnen geben die Anzahl der Elektronen in den Bahnen an, die den oben angegebenen Werten für die Haupt- und Nebenquantenzahl entsprechen. Nach einer allgemein benützten Bezeichnung wollen wir der Kürze halber eine Bahn mit der Hauptquantenzahl n als eine n-quantige Bahn bezeichnen. Das zuerst gebundene Elektron in jedem Atom bewegt sich in einer Bahn, die dem Normalzustand im Wasserstoffatom entspricht, und die mit der Quantenbezeichnung 1_1 bezeichnet ist. Im Wasserstoffatom gibt es ja nur ein Elektron; aber von den Atomen der anderen Elemente nehmen wir an, daß auch das nächste Elektron in einer solchen einquantigen Bahn vom Typus 1_1 gebunden wird. Wie die Tabelle angibt, werden die folgenden Elektronen in zweiquantigen Bahnen gebunden. Anfangs resultiert die Bindung in einer 2_1-Bahn, aber später werden die Elektronen in 2_2-Bahnen gebunden, bis wir nach der Bindung der ersten zehn Elektronen im Atom eine abgeschlossene Konfiguration von zweiquantigen Bahnen erreicht haben, von der wir annehmen, daß hier 4 Bahnen jeder Art vorhanden sind. Diese Konfiguration treffen wir im neutralen Atom das erstemal beim Neon, das den Abschluß der zweiten Periode im System der Elemente bildet. Wenn wir weitergehen, werden die folgenden Elektronen in dreiquantigen Bahnen gebunden, bis wir nach dem Abschluß der dritten Periode im System bei den Elementen der vierten Periode zum erstenmal Elektronen in vierquantigen Bahnen begegnen usw.

Dieses Bild vom Atombau gibt viele Züge wieder, die bereits in den Arbeiten früherer Verfasser hervorgehoben worden sind. So gehen die Versuche, das natürliche System durch Annahme einer Gruppenteilung der Elektronen im Atom zu erklären, auf J. J. Thomsons Arbeiten von 1904 zurück; später ist dieser Gesichtspunkt namentlich von Kossel entwickelt worden (1916), der zugleich die Gruppeneinteilung in nahe Verbindung mit den Gesetzmäßigkeiten gebracht hat, welche die Untersuchungen der späteren Jahre über die Röntgenspektren an den Tag gebracht haben. Auch Lewis und Langmuir haben versucht, von den verwandtschaftlichen Beziehungen zwischen den Eigenschaften der Elemente auf Grund einer Gruppenteilung im Atom Rechenschaft zu geben. Diese Verfasser nehmen jedoch an, daß die Elektronen sich nicht um den Kern bewegen, sondern Gleichgewichtslagen einnehmen. Auf diese Weise kann aber keine

Übersicht über die Elektronengruppen im Normalzustand der Atome der Elemente.

	1_1	2_1 2_2	3_1 3_2 3_3	4_1 4_2 4_3 4_4	5_1 5_2 5_3 5_4 5_5	6_1 6_2 6_3 6_4 6_5 6_6	7_1 7_2
1 H	1						
2 He	2						
3 Li	2	1					
4 Be	2	2					
5 B	2	2 (1)					
10 Ne	2	4 4					
11 Na	2	4 4	1				
12 Mg	2	4 4	2				
13 Al	2	4 4	2 1				
18 A	2	4 4	4 4				
19 K	2	4 4	4 4	1			
20 Ca	2	4 4	4 4	2			
21 Sc	2	4 4	4 4 1	(2)			
22 Ti	2	4 4	4 4 2	(2)			
29 Cu	2	4 4	6 6 6	1			
30 Zn	2	4 4	6 6 6	1			
31 Ga	8	4 4	6 6 6	2 1			
36 Kr	2	4 4	6 6 6	4 4			

	1_1	2_1	2_2	3_1	3_2	3_3	4_1	4_2	4_3	4_4	5_1	5_2	5_3	5_4	5_5	6_1	6_2	6_3	6_4	6_5	6_6	7_1	7_2
37 Rb	2	4	4	6	6	6	4	4			1												
38 Sr	2	4	4	6	6	6	4	4			2												
39 Y	2	4	4	6	6	6	4	4	1		(2)												
40 Zr	2	4	4	6	6	6	4	4	2		(2)												
47 Ag	2	4	4	6	6	6	6	6	6		1												
48 Cd	2	4	4	6	6	6	6	6	6		2												
49 In	2	4	4	6	6	6	6	6	6		2	1											
54 X	2	4	4	6	6	6	6	6	6		4	4											
55 Cs	2	4	4	6	6	6	6	6	6		4	4				1							
56 Ba	2	4	4	6	6	6	6	6	6		4	4				2							
57 La	2	4	4	6	6	6	6	6	6		4	4	1			(2)							
58 Ce	2	4	4	6	6	6	6	6	6	1	4	4	1			(2)							
59 Pr	2	4	4	6	6	6	6	6	6	2	4	4	1			(2)							
71 Cp	2	4	4	6	6	6	8	8	8	8	4	4	1			(2)							
72 —	2	4	4	6	6	6	8	8	8	8	4	4	2			(2)							
79 Au	2	4	4	6	6	6	8	8	8	8	6	6	6			1							
80 Hg	2	4	4	6	6	6	8	8	8	8	6	6	6			2							
81 Tl	2	4	4	6	6	6	8	8	8	8	6	6	6			2	1						
86 Em	2	4	4	6	6	6	8	8	8	8	6	6	6			4	4						
87 —	2	4	4	6	6	6	8	8	8	8	6	6	6			4	4					1	
88 Ra	2	4	4	6	6	6	8	8	8	8	6	6	6			4	4					2	
89 Ac	2	4	4	6	6	6	8	8	8	8	6	6	6			4	4	1				(2)	
90 Th	2	4	4	6	6	6	8	8	8	8	6	6	6			4	4	2				(2)	
118 ?	2	4	4	6	6	5	8	8	8	8	8	8	8	8		6	6	6				4	4

nähere Verbindung erzielt werden zwischen den Eigenschaften der Elemente und den experimentellen Resultaten, welche die Bausteine der Atome betreffen. Statische Gleichgewichtskonfigurationen für Elektronen sind nämlich nicht möglich, sobald die Kräfte zwischen den Atomteilchen auch nur näherungsweise die Gesetze erfüllen, die für die Anziehung und Abstoßung von elektrischen Ladungen gelten. Die Möglichkeit einer eingehenden Rechenschaft von den Eigenschaften der Elemente, die auf den letztgenannten Gesetzen basiert ist, ist gerade das Charakteristische für das auf der Quantentheorie aufgebaute Bild vom Atombau. Was dieses Bild betrifft, war der Gedanke, die Gruppeneinteilung mit einer Klassifikation der Elektronenbahnen nach steigender Quantenzahl zu verbinden, durch Moseleys Entdeckung der Gesetze der Röntgenspektren und durch Sommerfelds Arbeiten über die Feinstruktur dieser Spektren nahegelegt. Dies ist namentlich von Vegard hervorgehoben worden, der vor einigen Jahren in Verbindung mit Untersuchungen über die Röntgenspektren eine Gruppenteilung der Elektronen in den Atomen der Elemente vorgeschlagen hat, die in verschiedener Hinsicht eine Ähnlichkeit aufweist mit der in der vorstehenden Tabelle angegebenen. Eine Grundlage für eine nähere Entwicklung des besprochenen Bildes ist jedoch erst in der letzten Zeit geschaffen worden durch ein näheres Studium der Bindungsprozesse der Elektronen im Atom, von denen wir in den optischen Spektren ein experimentelles Zeugnis haben und deren charakteristische Züge namentlich das Korrespondenzprinzip zu beleuchten vermocht hat. Ein wesentlicher Umstand ist hier, daß die Begrenzung im Verlauf der Bindungsprozesse, die sich im Auftreten von mehrquantigen Elektronenbahnen im Normalzustand des Atoms äußert, in natürliche Verbindung gebracht werden kann mit der allgemeinen Bedingung für das Auftreten von Strahlungsprozessen beim Übergang zwischen stationären Zuständen, die durch das genannte Prinzip formuliert wird. Ein anderer wesentlicher Zug bei der Theorie ist der Einfluß auf die Stärke der Bindung und die Dimensionen der Bahnen, der vom Eindringen der später gebundenen Elektronen in das Gebiet der früher gebundenen Elektronen herrührt, und von dem wir ein Beispiel gesehen haben bei der Darlegung des Ursprungs des Kaliumspektrums. Dieser Umstand darf nämlich als die eigentliche Ursache für den ausgesprochen periodischen Wechsel der Eigenschaften der Elemente betrachtet werden, da er mit sich bringt, daß die Atomdimensionen und chemischen Eigenschaften von homologen Stoffen in den verschiedenen Perioden, wie z. B. von den Alkalimetallen, eine weit größere Ähnlichkeit aufweisen, als es ein direkter Vergleich zwischen der Bahn des zuletzt eingefangenen Elektrons und der Bahn mit derselben Quantenzahl im Wasserstoffatom vermuten lassen sollte.

Das dargelegte Ansteigen der Hauptquantenzahl beim zuletzt gebundenen Elektron im Atom, dem wir begegnen, wenn wir in der Reihe der Elemente fortschreiten, gibt ferner ein unmittelbares Verständnis der charakteristischen Abweichungen von der einfachen Periodizität, die das natürliche System aufweist und die in der Darstellung in Abb. 1 durch Einrahmung von gewissen Elementenreihen in den späteren Perioden des Systems hervorgehoben ist. Das erstemal begegnen wir einer solchen Abweichung in der vierten Periode und die Ursache hiervon kann in einfacher Weise durch die Abbildung über die Bahnen des zuletzt eingefangenen Elektrons beim Kalium erläutert werden, das ja das erste Element in dieser Periode ist. Hier treffen wir zum erstenmal in der Reihe der Elemente den Fall, daß die Hauptquantenzahl der Bahn des zuletzt eingefangenen Elektrons im Normalzustand des Atoms größer ist als in einem der früheren Stadien des

Bindungsprozesses. Der Normalzustand entspricht hier einer 4_1-Bahn, bei der die Bindungsstärke des Elektrons infolge seines Eindringens in das innere Gebiet weitaus stärker ist als bei einer vierquantigen Bahn im Wasserstoffatom, ja sogar stärker als bei einer zweiquantigen Bahn in diesem Atom. Die Bindungsstärke des Elektrons ist deshalb mehr als doppelt so stark als in den zirkulären 3_3-Bahnen, die vollständig außerhalb des inneren Gebietes bleiben, und bei denen die Bindungsstärke nur wenig abweicht von der einer dreiquantigen Bahn im Wasserstoffatom. Dieser Sachverhalt wird jedoch nicht geltend bleiben, wenn wir die Bindung des 19. Elektrons bei Stoffen von höherer Atomnummer betrachten, infolge des viel kleineren relativen Unterschiedes zwischen dem Kraftfeld außerhalb und innerhalb des Gebietes der 18 zuerst gebundenen Elektronen. Wie aus einer Untersuchung des Funkenspektrums von Calcium hervorgeht, ist schon hier die Bindungsstärke des Elektrons in der 4_1-Bahn nur wenig stärker als in der 3_3-Bahn, und sobald wir zum Scandium kommen, müssen wir annehmen, daß die 3_3-Bahn die Bahn des 19. Elektrons im Normalzustand darstellen wird, da diese einer stärkeren Bindung entsprechen wird als eine 4_1-Bahn. Während die Elektronengruppe mit zweiquantigen Bahnen ihren endgültigen Abschluß am Ende der zweiten Periode erreicht hat, kann deshalb die Entwicklung, welche die Elektronengruppe mit dreiquantigen Bahnen im Laufe der dritten Periode erfährt, nur als ein vorläufiger Abschluß bezeichnet werden, und, wie in der Tabelle angegeben, macht diese Elektronengruppe unter Aufnahme von Elektronen in dreiquantigen Bahnen bei den eingerahmten Elementen der 4. Periode eine weitere Entwicklungsstufe durch. Dies bringt neue Verhältnisse mit sich, indem die Entwicklung der Elektronengruppe mit vierquantigen Bahnen sozusagen zum Stillstand kommt, bis die dreiquantige Elektronengruppe ihren endgültigen Abschluß erreicht hat. Obwohl wir noch nicht imstande sind, vom Verlauf der gradweisen Entwicklung der dreiquantigen Elektronengruppe in allen Einzelheiten Rechenschaft zu geben, können wir doch sagen, daß wir auf Grund der Quantentheorie unmittelbar verstehen, daß zum erstenmal in der 4. Periode des Systems der Elemente aufeinanderfolgende Elemente mit Eigenschaften auftreten, die einander so sehr ähnlich sind wie die Eigenschaften der Eisenmetalle, ja, man kann sogar verstehen, warum diese Elemente die wohlbekannten paramagnetischen Eigenschaften zeigen. Ohne nähere Verbindung mit der Quantentheorie ist der Gedanke, die chemischen und magnetischen Eigenschaften der erwähnten Elemente mit der Entwicklung einer inneren Elektronengruppe im Atom in Verbindung zu bringen, im übrigen schon von Ladenburg vorgeschlagen worden.

Ich will nicht auf viele weitere Einzelheiten eingehen, sondern nur bemerken, daß die Verhältnisse, denen wir in der 5. Periode begegnen, eine ganz ähnliche Erklärung wie die Verhältnisse in der 4. Periode erhalten, indem die Eigenschaften der eingerahmten Elemente in dieser Periode, wie aus der Tabelle hervorgeht, auf einer Entwicklungsstufe der vierquantigen Elektronengruppe beruhen, die durch die Aufnahme von Elektronen in 4_3-Bahnen eingeleitet wird. In der 6. Periode dagegen begegnen wir neuen Verhältnissen. In dieser Periode begegnen wir nicht nur einer Entwicklungsstufe der Elektronengruppen mit 5- und 6quantigen Bahnen, sondern zugleich auch dem endgültigen Abschluß der Entwicklung der 4quantigen Elektronengruppe, der durch das erste Auftreten von Elektronenbahnen des 4_4-Typus im Normalzustand des Atoms eingeleitet wird. Diese Entwicklung kommt in charakteristischer Weise zum Ausdruck im Auftreten der eigentümlichen Familie von Elementen, der wir in der 6. Periode begegnen, und die als die der seltenen Erden bezeichnet wird. Diese Elemente zeigen bekanntlich in ihren chemischen Eigenschaften eine noch weit größere Verwandtschaft zueinander als die Elemente in der Familie der Eisenmetalle, was davon herrührt, daß wir es hier mit der Entwicklung einer Elektronengruppe zu tun haben, die tiefer im Atom liegt. Es ist von Interesse, zu bemerken, daß die Theorie auch auf natürliche Weise davon Rechenschaft geben kann, daß diese Elemente, die einander in so vieler Hinsicht ähnlich sind, doch starke Verschiedenheiten in ihren magnetischen Eigenschaften zeigen. Der Gedanke, daß das Auftreten der seltenen Erden von der Entwicklung einer inneren Elektronengruppe im Atom herrührt, ist von verschiedenen Seiten vorgeschlagen worden. So wurde er von Vegard ausgesprochen und gleichzeitig mit der Arbeit des Vortragenden ist dieser Gedanke im Zusammenhang mit Langmuirs statischem Atommodell von Bury näher verfolgt worden in Verbindung mit Betrachtungen über den systematischen Zusammenhang zwischen den chemischen Eigenschaften und der Gruppenteilung in den Atomen. Während jedoch bisher keine theoretische Begründung für eine solche Entwicklung einer inneren Elektronengruppe gegeben werden konnte, sehen wir, wie die nähere Entwicklung der Quantentheorie eine so ungezwungene Erklärung davon gibt, daß es kaum eine Übertreibung ist, zu sagen, daß, falls das Vorhandensein der seltenen Erden nicht längst durch direkte chemische Untersuchungen festgestellt wäre, das Auftreten einer Elementenfamilie von diesem Charakter innerhalb der 6. Periode des natürlichen Systems der Elemente theoretisch hätte vorausgesetzt werden können.

Wenn wir zur 7. Periode des Systems kommen, begegnen wir zum erstenmal siebenquantigen Bahnen, und wir müssen erwarten, innerhalb dieser Periode im wesentlichen gleiche Verhältnisse zu finden wie in der 6. Periode, indem vor der ersten Stufe in der Entwicklung der siebenquantigen Bahnen weitere Entwicklungsstufen in den Gruppen mit 6- und 5quantigen Bahnen erwartet werden müssen. Man konnte jedoch nicht eine direkte Bestätigung dieser Erwartung erhalten, da nur wenige Elemente am Beginn der 7. Periode bekannt sind, was, wie man annehmen muß, mit der Instabilität der Kerne mit großer Ladung zusammenhängt, die sich in der bei den Elementen mit höherer Atomnummer vorherrschenden Radioaktivität äußert.

Röntgenspektren und Atombau.

Bei der Besprechung der Vorstellungen von der Atomstruktur haben wir bisher das Hauptgewicht auf die Bildung der Atome durch sukzessive Einfangung der Elektronen gelegt. Die Darstellung wäre jedoch sehr unvollständig ohne einen Hinweis auf die Stütze für die Theorie, welche die Untersuchungen über die Röntgenspektren bieten. Seit dem Abbruch von Moseleys grundlegenden Untersuchungen durch seinen allzu frühen Tod ist das Studium dieser Spektren in bewunderungswerter Weise von Professor Siegbahn in Lund weitergeführt worden. Auf Grund des von ihm und seinen Mitarbeitern geschaffenen großen Materials ist es in letzter Zeit gelungen, eine Klassifikation der Röntgenspektren zu erreichen, die auf Grund der Quantentheorie eine unmittelbare Interpretation zuläßt und zu deren Aufstellung die oben erwähnten Arbeiten von Kossel und Sommerfeld wesentlich beigetragen haben. Erstens ist es möglich gewesen, analog wie bei den optischen Spektren die Schwingungszahl für jede der Linien eines Röntgenspektrums darzustellen als Differenz von zwei unter einer Mannigfaltigkeit von Spektraltermen, die für das betreffende Element charakteristisch sind. Sodann wird eine direkte Verbindung mit der Atomtheorie auf Grund der Annahme erreicht, daß jeder dieser

Spektralterme, mit Plancks Konstante multipliziert, gleich ist der Arbeit, die dem Atom zugeführt werden muß, um eines der inneren Elektronen zu entfernen. Die Entfernung eines der inneren Elektronen vom vollständigen Atom wird nämlich in Übereinstimmung mit den obigen Betrachtungen über die Bildung des Atoms durch Einfangung von Elektronen zu Übergangsprozessen Anlaß geben, bei denen der Platz des entfernten Elektrons von einem Elektron eingenommen wird, das einer der loser gebundenen Elektronengruppe des Atoms angehört, mit dem Resultat, daß nach dem Übergang ein Elektron in der letzteren Gruppe fehlt. Die Röntgenlinien müssen also als Zeugnis eines Prozesses angesehen werden, bei dem das Atom eine auf Störung in seinem Inneren folgende Reorganisation erfährt. Gemäß unseren Anschauungen über die Stabilität der Elektronenkonfiguration muß eine solche Störung in einer vollständigen Entfernung von Elektronen vom Atom bestehen oder wenigstens in ihrer Überführung von ihren normalen Bahnen in Bahnen mit höheren Quantenzahlen als diejenigen der vollständigen Gruppen; ein Umstand, der klar zutage tritt in dem charakteristischen Unterschied zwischen der selektiven Absorption im Röntgengebiet und derjenigen im optischen Spektralgebiet.

Die erwähnte Klassifikation der Röntgenspektren hat es kürzlich ermöglicht, mittels einer genaueren Untersuchung der Weise, in der sich die in den Röntgenspektren auftretenden Terme mit der Atomnummer ändern, eine sehr direkte Bestätigung einiger theoretischer Schlüsse über den Atombau zu erhalten. In Abb. 9 sind die Abszissen die Atomnummern, und die Ordinaten sind proportional den Quadratwurzeln der Spektralterme, während die Symbole K, L, M, N, O bei den einzelnen Termen sich auf die charakteristischen Diskontinuitäten in der selektiven Absorption der Elemente für Röntgenstrahlen beziehen, die ursprünglich von Barkla entdeckt wurden, noch bevor man in der Interferenz der Röntgenstrahlen in Kristallen ein Mittel zur näheren Untersuchung der Röntgenspektren besaß.

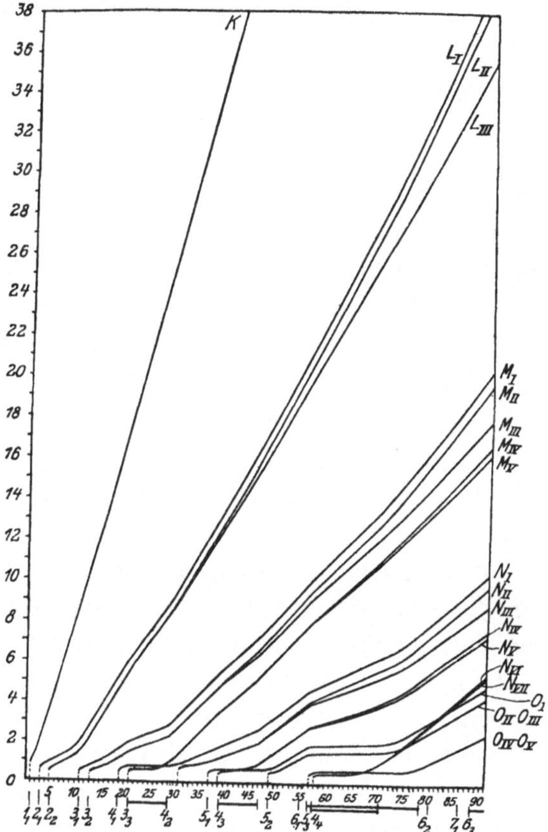

Abb. 9. Die Quadratwurzel der Spektralterme der Röntgenspektren in ihrer Abhängigkeit von der Atomnummer.

Obwohl die Kurven im allgemeinen sehr gleichmäßig verlaufen, weisen sie eine Anzahl von Abweichungen vom gleichförmigen Verlauf auf, die besonders durch die neuen Untersuchungen von Coster an den Tag gebracht wurden, der während einiger Jahre in Siegbahns Laboratorium gearbeitet hat. Diese Abweichungen, deren Existenz erst nach der Veröffentlichung der oben besprochenen Theorie des Atombaus entdeckt wurde, entsprechen genau dem, was man nach der Theorie erwarten mußte. Am Fuß der Abbildung ist durch senkrechte Striche angegeben, wo man nach der Theorie zum erstenmal erwarten soll, daß im Normalzustand des Atoms n_k-Bahnen des angegebenen Typus auftreten. Wir sehen, wie es möglich gewesen ist, das Auftreten eines Spektralterms an die Anwesenheit eines Elektrons zu knüpfen, das sich in einer Bahn von bestimmtem Typus bewegt und dessen Entfernung aus dem Atom der betreffenden Term entspricht. Daß im allgemeinen jedem Bahntypus n_k mehr als eine Kurve entspricht, ist der Ausdruck für eine Komplikation in den Spektren, auf die einzugehen hier zu weit führen würde, und die den Abweichungen der Elektronenbahnen vom früher beschriebenen einfachen Bewegungstypus zugeschrieben werden muß, die von der Wechselwirkung der verschiedenen Elektronen innerhalb derselben Gruppe herrühren. Die Intervalle im System der Elemente, in denen infolge der Aufnahme von Elektronenbahnen gewisser Typen im Atom eine weitere Entwicklung einer inneren Elektronengruppe stattfindet, sind in der Abbildung durch die horizontalen Linien angegeben, die von den mit dem zugehörigen Quantensymbol bezeichneten vertikalen Strichen ausgehen. Wir sehen, wie sich eine solche Entwicklung einer inneren Gruppe überall in charakteristischer Weise in den Kurven abspiegelt. Namentlich darf der Verlauf der N- und O-Kurven als ein direktes Zeugnis desjenigen Entwicklungsstadiums der Elektronengruppe mit 4quantigen Bahnen betrachtet werden, das die Ursache des Auftretens der seltenen Erden ist. Obwohl der Umstand, daß die komplizierten verwandtschaftlichen Beziehungen, welche die meisten anderen Eigenschaften der Elemente aufweisen, sich bei den Röntgenspektren scheinbar gar nicht geltend machen, der typische und wichtige Zug von Moseleys Entdeckung war, erkennen wir also jetzt dank dem Fortschritt der letzten Jahre einen innigen Zusammenhang zwischen den Röntgenspektren und den allgemeinen verwandtschaftlichen Beziehungen der Elemente innerhalb des natürlichen Systems.

Bevor ich diesen Vortrag abschließe, möchte ich gern noch einen Punkt nennen, wo die röntgenspektroskopischen Untersuchungen die Theorie gestützt haben. Es handelt sich um die Eigenschaften des bisher unbekannten Elementes mit der Atomnummer 72. In dieser Frage waren die Meinungen geteilt hinsichtlich der Schlüsse, die aus den Verwandtschaftsbeziehungen im natürlichen System gezogen werden können, und in vielen Darstellungen des Systems ist diesem Element eine Stelle innerhalb der Familie der seltenen Erden angewiesen. Schon in Julius Thomsons Darstellung des periodischen Systems war aber in ähnlicher Weise wie in unserer Darstellung in Abb. 1 eine zu Titan und Zirkon homologe Stellung des hypothetischen Elements angegeben. Die Annahme einer solchen Verwandtschaftsbeziehung kommt ebenso zum Ausdruck in dem in der Übersicht über die Klassifikation der Elektronenbahnen in den Atomen der verschiedenen Elemente auf S. 47 angegebenen Aufbau des Stoffes mit der Atomnummer 72. Ein entsprechender Schluß wurde auch von Bury gezogen auf Grund seiner obengenannten Betrachtungen über den systematischen Zusammenhang zwischen der Gruppenteilung der Elektronen im Atom und den Eigenschaften der Elemente. Vor einem halben Jahr wurde jedoch eine Mitteilung von Dauvillier veröffentlicht über die Beobachtung von einigen schwachen Linien im Röntgenspektrum eines seltene Erden enthaltenden Präparats, die einem Element mit der Atomnummer 72 zugeschrieben wurden, von dem angenommen wurde, daß es identisch sei mit einem

Element der Familie der seltenen Erden, dessen Vorhandensein in dem genannten Präparat schon vor mehreren Jahren von Urbain vermutet worden war. Diese Mitteilung mußte natürlich erst zu Zweifeln betreffend die Einzelheiten der theoretischen Schlüsse Anlaß geben. Eine erneute Untersuchung zeigte jedoch, daß die Annahme, das Element mit der Atomnummer 72 weise entsprechende chemische Eigenschaften auf wie die seltenen Erden, eine Änderung in der Festigkeit der Elektronenbindung mit der Atomnummer fordern würde, die mit den allgemeinen Forderungen der Quantentheorie unvereinbar scheint. Unter diesen Umständen haben ganz kürzlich Dr. Coster und Professor Hevesy, die sich beide zur Zeit in Kopenhagen aufhalten, die Frage aufgenommen durch eine Prüfung von aus zirkonhaltigen Materialien hergestellten Präparaten durch röntgenspektroskopische Untersuchungen, und ich kann mitteilen, daß die genannten Forscher gerade in diesen Tagen das Vorhandensein von bedeutenden Mengen eines Elementes mit der Atomnummer 72 in den untersuchten Mineralien konstatieren konnten, dessen chemische Eigenschaften eine nahe Verwandtschaft zu denen des Zirkons und einen wesentlichen Unterschied von denen der seltenen Erden zeigen[1].

Ich hoffe, daß es mir gelungen ist, Ihnen durch diesen Bericht einen Überblick über die wichtigsten Resultate zu geben, die in den letzten Jahren auf dem Gebiete der Atomtheorie erzielt wurden, und ich will gerne am Schlusse noch

---

[1] Zusatz nach dem Vortrag: Betreffend die Resultate der Fortsetzung der Untersuchung von Coster und Hevesy über das neue Element, für das sie den Namen Hafnium vorgeschlagen haben, sei auf die Note dieser Verfasser in „Die Naturwissenschaften", 23. Februar 1923, verwiesen.

einige Bemerkungen allgemeiner Art hinzufügen betreffend die Gesichtspunkte, von denen aus die gefundenen Resultate beurteilt werden müssen, und namentlich die Frage, inwiefern bei diesen Resultaten von einer Erklärung im gewöhnlichen Sinn des Wortes die Rede sein kann. Unter einer theoretischen Erklärung von Naturerscheinungen wird man wohl im allgemeinen eine Klassifikation eines gewissen Beobachtungsgebietes mit Hilfe von Analogien verstehen, die von anderen Beobachtungsgebieten geholt sind, wo man es vermeintlich mit einfachen Erscheinungen zu tun hat; und das meiste, was man von einer Theorie verlangen kann, ist, daß diese Klassifikation so weit getrieben werden kann, daß sie zu einer Erweiterung des Beobachtungsgebietes durch die Voraussage von neuen Phänomenen beitragen kann. Wenn wir die Atomtheorie betrachten, befinden wir uns in der eigentümlichen Stellung, daß einerseits nicht von einer Erklärung in dem genannten Sinne die Rede sein kann, da es sich ja gerade um Erscheinungen handelt, die der Natur der Sache nach einfacher sind als die irgendeines anderen Beobachtungsgebietes, wo wir immer mit Phänomenen zu tun haben, die durch die Zusammenwirkung einer großen Zahl von Atomen bedingt sind. Wir sind deshalb genötigt, in unseren Forderungen bescheidener zu sein und uns mit Vorstellungen zu begnügen, die formal sind in dem Sinne, daß sie nicht eine Anschaulichkeit von der Art besitzen, die man von den Vorstellungen zu verlangen gewohnt ist, mit denen naturwissenschaftliche Theorien operieren. Nicht am wenigsten mit Rücksicht hierauf habe ich Ihnen einen Eindruck davon zu geben gesucht, daß die Resultate andererseits wenigstens in einem gewissen Grad die Erwartungen erfüllen, die an jede Theorie gestellt werden müssen, indem ich zu zeigen versucht habe, wie die Entwicklung der Atomtheorie dazu beigetragen hat, ausgedehnte Beobachtungsgebiete zu klassifizieren, und durch Voraussagen den Weg für die Vervollständigung dieser Klassifikation gewiesen hat. Doch wird es kaum notwendig sein, zu betonen, in wie hohem Grade die Theorie sich noch in einem Anfangsstadium befindet und wieviele Grundfragen vorhanden sind, die noch ihrer Beantwortung harren.

Spamersche Buchdruckerei in Leipzig.